MINISTÈRE DE L'AGRICULTURE

DIRECTION
DE L'HYDRAULIQUE ET DES AMÉLIORATIONS AGRICOLES

CONTRIBUTION À L'ÉTUDE

DES

TERRES SALÉES DU LITTORAL MÉDITERRANÉEN

PAR MM. H. LAGATU ET L. SICARD

(Extrait des *Annales*. — Fascicule 40.)

PARIS
IMPRIMERIE NATIONALE

1911

CONTRIBUTION À L'ÉTUDE

DES

TERRES SALÉES DU LITTORAL MÉDITERRANÉEN

CONTRIBUTION À L'ÉTUDE

DES

TERRES SALÉES DU LITTORAL MÉDITERRANÉEN

PAR MM. H. LAGATU ET L. SICARD

—

(Extrait des *Annales*. — Fascicule 40)

CONTRIBUTION À L'ÉTUDE

DES

TERRES SALÉES DU LITTORAL MÉDITERRANÉEN[1].

I

CONDITIONS GÉNÉRALES.

Conformément à la mission qui nous a été confiée par le Comité d'études scientifiques, nous avons entrepris, à la fin de l'année 1906, l'étude des terres salées du littoral méditerranéen situées dans deux régions que désignent particulièrement à l'attention des agronomes les projets souvent formés, abandonnés, puis repris, de leur mise en culture. Cette mise en culture ou plus exactement en cultivabilité, cette «reclamation» (pour employer le mot expressif usité dans les mémoires de langue anglaise) ne saurait aboutir au succès sans qu'on ait pris soin, au préalable, d'examiner attentivement, non seulement les conditions hygiéniques ou économiques qui la justifient, non seulement les divers travaux techniques que requiert l'œuvre du desséchement et du dessalement, mais aussi les conditions agrologiques que les ingénieurs se proposent de modifier et celles qu'ils livreront plus tard à la sagacité des agriculteurs.

Les deux régions considérées sont comprises dans le département de l'Hérault, à savoir :

1° La région de l'étang de l'Arnel, entre Montpellier et Palavas, en relation avec les eaux du Lez et de la Mosson;

2° La région de l'étang de Vendres, au sud de Béziers, près du village de Vendres et tout au voisinage de l'embouchure de l'Aude.

Dans le présent mémoire nous ne nous occuperons que de la région de l'Arnel.

Une terre étant donnée comme objet d'investigation, les éléments analytiques qu'il est possible et désirable d'en dégager sont extrêmement nombreux et de nature très variée. On doit même logiquement admettre que la série en est interminable, puisque la limite ne serait obtenue que par la détermination précise de toutes les propriétés de la terre, sous quelque point de vue qu'on l'envisage, et l'on sait l'impossibilité de réaliser une telle entreprise à l'égard d'un objet concret, si simple qu'il paraisse à première vue.

En fixant donc *a priori* et presque arbitrairement un tableau limité d'éléments analytiques à rechercher, on a le double sentiment de tracer un plan incomplet d'inves-

---

[1] Les références se rapportent à la pagination entre crochets.

tigation et de se plier néanmoins à une nécessité dont un plan plus compliqué, même beaucoup plus compliqué, ne nous dégagerait pas.

Le plan auquel nous nous sommes d'abord arrêtés comporte :

1° Pour un certain nombre d'échantillons-types, la détermination que notre laboratoire comprend sous le nom d'analyse *mécanique*, d'analyse *chimique*, et d'analyse *minéralogique* ; en sorte que les caractères habituellement invoqués pour définir une terre à l'égard d'une culture raisonnée sont mis en évidence ;

2° Pour un plus grand nombre d'échantillons, prélevés aux mêmes points, à des profondeurs régulièrement croissantes et en des saisons diverses, le dosage du chlore, substance prise comme témoin de l'abondance du salant. On peut l'exprimer en chlorure de sodium, mais on dépasse un peu ainsi les limites de l'expérience. (Nous fournissons d'ailleurs toujours concurremment le chiffre du chlore et celui du chlorure de sodium correspondant.)

Le premier de ces deux groupes d'analyses définit la donnée agrologique permanente ; le second est susceptible de nous renseigner sur les variations saisonnières qui donnent, comme l'on sait, aux terres salées une instabilité culturale, désastreuse quelquefois, inquiétante toujours.

D'autre part, en dehors des points où nous avons fait coïncider ces deux groupes de déterminations analytiques, nous avons examiné, dans la région avoisinant les étangs de l'Arnel et de Vendres, des terres actuellement cultivées, où les observations et les expériences des praticiens ont relevé des faits culturaux importants, intéressants surtout quand on les confronte avec les données analytiques. Ainsi pourront s'établir des analogies, et il est évidemment prudent de tenir grand compte des analogies qui peuvent être saisies, sous un même climat, entre des sols connus et des sols inconnus au point de vue de leur fertilité. De la sorte, l'agrologie des terres salées proprement dite sera entourée comme d'une auréole par l'agrologie des terres cultivées que leur situation topographique ou leur constitution placent à leur voisinage.

Il ressort clairement de ces explications sur la nature des informations que nous avons entreprises que l'enquête restera toujours ouverte ; la documentation analytique destinée à définir les terres, en dehors de leur salure, pourra toujours être utilement plus approfondie ; les dosages de sel marin répartis dans le temps pourront toujours être prolongés ; les analogies pourront toujours être multipliées et plus heureusement choisies. Nous ne saurions donc avoir d'autre prétention que celle de fournir des éléments d'information et non une information définitive.

Le choix des points à échantillonner a forcément quelque chose de hasardeux. Les types fidèlement représentatifs d'un ensemble aussi complexe qu'un territoire salé ne pourraient être désignés sûrement qu'après achèvement de l'étude que nous entreprenons. On a dû prendre une décision d'après des indices nécessairement imprécis. Nous avons parcouru en tous sens le territoire en question en examinant les aires qui, à notre vue ou au dire des habitants du voisinage, méritaient d'être distinguées ; enfin nous avons fait choix d'un certain nombre d'emplacements assez facilement retrouvables.

Les emplacements qui, après cette discussion sur place, ont été choisis se substituent ainsi, pour le moment, à l'ensemble du territoire salé, sans que nous ayons

DOMAINE DE PRADELAINE

Pièce dite "Longue" N.º 2

EAUX

Échelle : 0,025 par litre d'eau

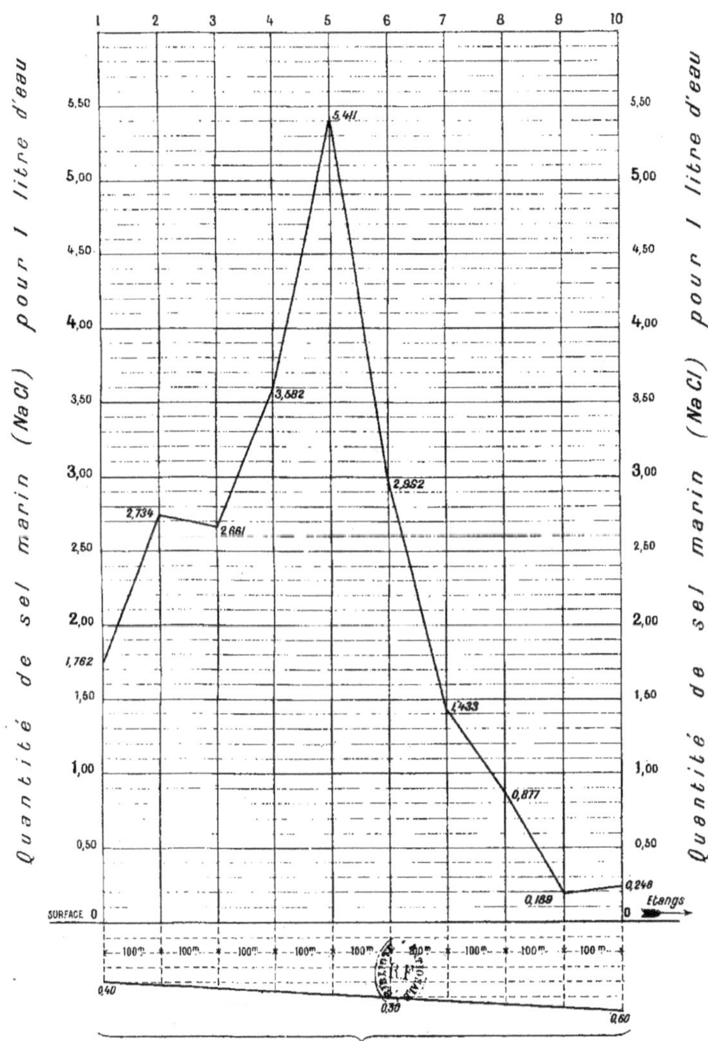

Profondeurs auxquelles ont été prélevés les échantillons d'eau

11 décembre 1906

autrement l'assurance .de leur valeur représentative ni que nous puissions d'avance énoncer une règle pour l'interpolation ou l'extrapolation des résultats qu'ils nous ont fournis. Cette généralisation se posera plus tard à titre de question distincte.

Nous avons, en chacun de ces emplacements, fait chaque fois aussi pareillement que possible des prélèvements de terre et d'eau. Nous sommes revenus aux mêmes places à six reprises pour l'étang de l'Arnel.

ÉTANG DE L'ARNEL.

Les alluvions du Lez, qui commencent à Castelnau, au nord-est de Montpellier, se développent en surface à mesure qu'on avance vers le sud et se réunissent aux alluvions de la Mosson. En temps de crue, ces deux cours d'eau envoient dans l'étang actuel de l'Arnel des eaux troubles qui contribuent chaque année à en exhausser le fond. L'étang actuel de l'Arnel présente donc des conditions par lesquelles ont passé ces terres alluvionnaires qui le bordent au nord, en sorte qu'on peut dire de ces terres de la plaine d'alluvion (plaine de Lattes) qu'elles représentent une partie de l'Arnel desséché. La lagune tend à disparaître par suite d'un colmatage naturel, et si l'on quitte le bord de l'étang en se dirigeant vers le nord, on rencontre d'abord des sols alternativement exondés et inondés chaque année, puis des sols qui ne sont inondés que par les fortes crues, d'autres enfin qu'atteignent seules les crues extraordinaires, mais qui conservent tout l'aspect des précédentes; parmi ces dernières il en est qui sont plus ou moins assainies et élevées au rang de champs cultivés, de prairies et de vignes. Toutes ces terres doivent d'ailleurs à leur commune origine de conserver du « salant » en quantités diverses.

On voit que cette région de l'Arnel présente aux investigations le type complet des terres salées maritimes.

Nous avons mis à profit ces circonstances favorables pour établir une documentation simultanée, c'est-à-dire par des prélèvements effectués aux mêmes jours, d'une part sur les terres bien exondées et cultivées, d'autre part sur l'extrême bord des terres en contact presque permanent avec les eaux de l'étang (voir fig. 1).

Terres cultivées. — Les terres exondées, considérées comme suffisamment dessalées pour la culture, ont été prélevées dans un domaine situé à 3 kilomètres au nord de l'étang, le domaine de Pradelaine ou Mas de Bédos, où les propriétaires ont bien voulu nous autoriser à effectuer tous les prélèvements nécessaires à notre étude.

L'échantillonnage a été fait, à six époques différentes dans une pièce dite *Longue*. Cette pièce, longue de 1 kilomètre, a d'abord été étudiée sommairement par des prélèvements effectués de 100 mètres en 100 mètres (voir pl. I). Puis nous avons fait choix d'un emplacement correspondant au centre d'une tache salée, où la vigne souffre.

Terres de l'étang. — Pour l'examen des terres de l'étang, trois points ont été choisis :

N° 1. *Pont de Rieucoulon*. — Cet échantillon représente la partie nord-est de la bande de terre formant lais d'étang, qui limite au nord la nappe d'eau salée. La particularisation de cet endroit de l'Arnel est accrue par une digue qui le sépare du reste de l'étang, sans toutefois empêcher la communication des eaux;

Nº 2. *Le Cabanon.* — Cet échantillon représente la partie nord-ouest de la même bande, côté de Villeneuve-les-Maguelonne; cette partie est plus spécialement en relation avec les eaux de la Mosson et de la région marécageuse, traversée par de nombreux fossés qui y aboutissent;

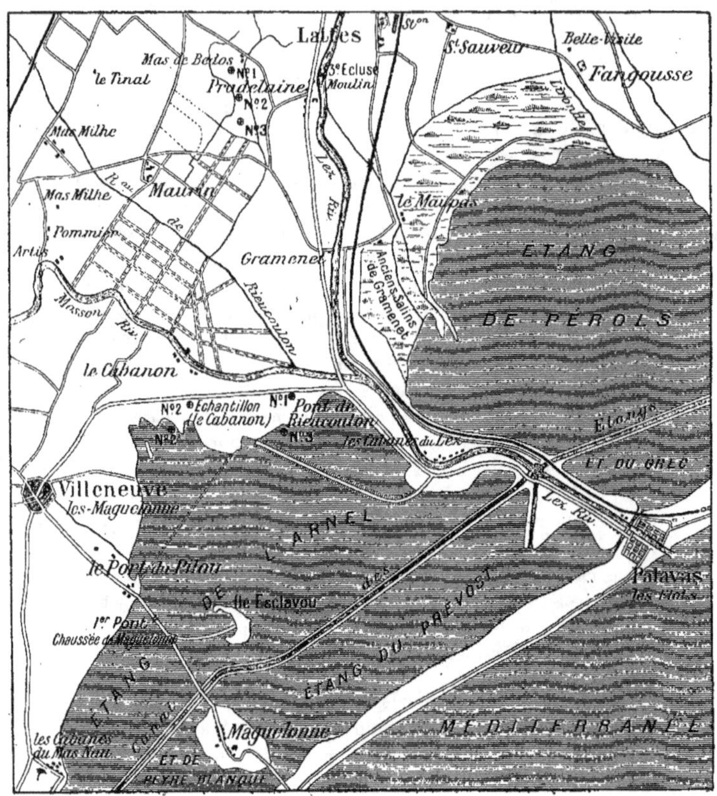

Fig. 1.

Nº 3. *Vases Rieucoulon.* — Au delà des terres précédentes, quand on s'avance vers l'étang, on trouve des boues ou vases constamment inondées ou humectées et représentant le fond même de l'étang actuel. Nous avons également prélevé ces boues, particulièrement en face de l'échantillon nº 1, dit Pont de Rieucoulon.

RÉPARTITION DES ÉCHANTILLONNAGES DANS LE TEMPS. CONDITIONS MÉTÉOROLOGIQUES.

Dans une terre, le salant est mobile: sous l'influence des pluies ou des inondations, la concentration diminue au voisinage de la surface, par suite d'une substitution partielle de l'eau douce à l'eau salée; sous l'influence de la sécheresse, la concentration augmente sur la surface et il y a, selon l'expression des praticiens, une « montée de sel ». En prélevant un échantillon à un moment donné, on n'est donc pas fixé sur l'état de salure que, peut, à d'autres époques, présenter la même terre.

La variation du salant sous l'influence des facteurs météorologiques mérite d'être observée en détail, dans ses relations avec la constitution et l'état mécanique de la terre, la nature de la végétation qui la recouvre, etc.

L'époque la plus caractéristique est évidemment celle du maximum de sécheresse, qui correspond, pour l'année considérée, au maximum de salure compatible à la fois avec la réserve en sel du sous-sol et avec l'allure des facteurs météorologiques; mais en suivant la marche du phénomène on aura des indications sur l'influence de ces facteurs, qui ne sont pas identiques d'une année à l'autre.

Par une suite de circonstances favorables à nos études, les années 1907 et 1908 ont présenté deux types météorologiques extrêmes et opposés : l'été de 1907 a été particulièrement sec; au contraire, la sécheresse estivale a été notablement atténuée en 1908 par de fréquentes pluies d'orages, sans parler de l'énorme réserve des inondations d'automne et d'hiver.

Voici d'ailleurs la répartition des pluies d'après la station météorologique de l'École nationale d'agriculture de Montpellier :

	HIVER.	PRINTEMPS.	ÉTÉ.	AUTOMNE.	TOTAL ANNUEL.
	millimètres.	millimètres.	millimètres.	millimètres.	millimètres.
1907......	34.8	270.3	36.8	747.4	1,083.3
1908......	161.1	103.7	221.5	181.1	667.4

(P. REY, Climatologie de 1908 à Montpellier. *Annales de l'École nationale d'agriculture de Montpellier*, 1909.)

RÉPARTITION DES ÉCHANTILLONS EN PROFONDEUR.

On a prélevé des échantillons de chaque terre par tranche de 25 centimètres depuis la surface jusqu'à une profondeur qui a toujours atteint 1 mètre et, le plus souvent, 2 m. 50 et même 2 m. 75.

La première couche de o à o m. 25 a été fractionnée en deux parts : l'une de o à o m. 15, l'autre de o m. 15 à o m. 25, afin d'avoir une mesure précise de la quantité parfois très supérieure du salant accumulé dans la couche superficielle et y apparaissant souvent, après une période sèche ou froide, sous forme d'efflorescences blanches cristallines.

ÉTUDE DES EAUX SALÉES.

Avec les terres nous avons chaque fois recueilli de l'eau de la nappe salée souterraine baignant les échantillons de fond.

Ces échantillons d'eau doivent nous permettre de chercher une réponse à diverses questions intéressantes :

Quel est le degré de salure de cette nappe souterraine?

Sa concentration est-elle, pendant le cours d'une année, constante ou variable?

S'il y a des variations, quelles sont les circonstances ambiantes qui permettent de les expliquer?

LAGATU ET SICARD.
2

La nappe est-elle, à un moment donné, de salure constante ou variable avec la profondeur?

Y a-t-il concordance entre la concentration de cette solution recueillie à part sur place et la concentration qu'on obtient en rapportant tout le sel de la terre à l'eau qu'elle garde entre ses particules?

A ces diverses questions, un commencement de réponse peut être donné par le simple dosage du chlore. D'autres questions peuvent être posées relativement à la composition du salant dissous dans les eaux et aux variations que cette composition peut subir.

Enfin, nous avons à diverses reprises prélevé de l'eau de l'étang afin de suivre les effets, sur la teneur en salant, d'une part des chaleurs de l'été, d'autre part des crues des cours d'eau avoisinants.

MODE D'ÉCHANTILLONNAGE.

Une tranchée de section rectangulaire (2 m. 50 de long, o m. 80 de large) était creusée jusqu'à la nappe liquide, généralement rencontrée à la profondeur de 1 mètre à 1 m. 50. On prélevait cette eau dans une bouteille, et, si on pouvait, on prélevait à part plusieurs échantillons des eaux qui venaient sourdre à diverses profondeurs.

Des tranches de terre étaient découpées sur une paroi avec une section horizontale constante et correspondaient aux épaisseurs suivantes : o à o m. 15; o m. 15 à o m 25; o m. 25 à o m. 50; o m. 50 à o m. 75; o m. 75 à 1 mètre. Après homogénéisation de la masse de chaque échantillon, on remplissait avec la matière humide qui le formait des bocaux étiquetés en verre, qui étaient aussitôt bouchés de façon à éviter toute dessiccation pendant le trajet du lieu d'échantillonnage au laboratoire.

Dès qu'on avait atteint le plan d'eau, il n'était plus possible de continuer à creuser la tranchée. On prélevait alors les échantillons inférieurs à l'aide d'une tarière construite pour cet usage sur nos indications et permettant des fractionnements faciles par 25 centimètres. Il a été possible d'extraire ainsi 5 et même 6 échantillons au-dessous du niveau de la nappe d'eau et d'avoir finalement jusqu'à 12 épaisseurs prélevées distinctement sur une même verticale à des profondeurs croissantes.

II

L'ARNEL.

———

1. TABLEAUX DES ANALYSES.

Nous donnons, ci-après, en tableaux synoptiques les résultats des analyses qui ont été effectuées selon les méthodes du *Comité consultatif des stations agronomiques* (1891).

TERRE N° 1. — RIEUCOULON.

POUR 1000.	0m à 0m 25.					0m 25 à 0m 50.				
	TOTAL.	CALCAIRE [4].	SILICEUX.	NON CALCAIRE NON SILICEUX [5].	DÉBRIS ORGANIQUES.	TOTAL.	CALCAIRE.	SILICEUX.	NON CALCAIRE NON SILICEUX.	DÉBRIS ORGANIQUES.
Terre fine [1] — Sable grossier.	47.2	17.5	24.8	2.1	2.8	7.2	3.5	2.3	0.4	1.0
Sable fin....	698.9	377.5	316.7	4.7	//	699.0	408.5	263.0	27.5	//
Argile......	247.2	//	//	//	//	290.4	//	//	//	//
Humus.....	6.7	//	//	//	//	3.4	//	//	//	//
	1000.0	395.0	341.5	6.8	2.8	1000.0	412.0	265.3	27.9	1.0
Terre complète — Cailloux [2]...	0.0	//	//	//	//	0.0	//	//	//	//
Gravier [3]....	0.0	//	//	//	//	0.0	//	//	//	//
Sable grossier.	47.2	17.5	24.8	2.1	2.8	7.2	3.5	2.3	0.4	1.0
Sable fin....	698.9	377.5	316.7	4.7	//	699.0	408.5	263.0	27.5	//
Argile......	247.2	//	//	//	//	290.4	//	//	//	//
Humus.....	6.7	//	//	//	//	3.4	//	//	//	//
	1000.0	395.0	341.5	6.8	2.8	1000.0	412.0	265.3	27.9	1.0

POUR 1000.	TERRE FINE.	TERRE COMPLÈTE.	TERRE FINE.	TERRE COMPLÈTE.
Azote......................	1.85	1.85	1.16	1.16
Acide phosphorique............	0.83	0.83	0.79	0.79
Potasse....................	2.27	2.27	2.97	2.97
Chaux.....................	146.57	146.57	148.78	148.78
Magnésie...................	2.43	2.43	2.99	2.99
Fer.......................	20.38	20.38	21.67	21.67
Sel marin..................	4.61	4.61	12.54	12.54

[1] Partie de la terre passant à travers un tamis ayant 10 fils par centimètre.

[2] Partie de la terre ne passant pas à travers un tamis à mailles carrées de 1/2 centimètre de côté.

[3] Partie de la terre passant à travers un tamis à mailles carrées de 1/2 centimètre de côté, mais ne passant pas à travers un tamis ayant 10 fils par centimètre.

[4] Dosé d'après la chaux soluble à froid dans l'acide nitrique.

[5] Partie non calcaire soluble à froid dans l'acide nitrique (carbonate de magnésie, une partie des oxydes et des hydrates de fer, etc., sel marin et tous autres sels solubles de l'eau de mer).

Nota. — Tous les résultats inscrits sous le titre de «terre complète» expriment les proportions pour mille dans la terre telle qu'elle se trouve dans l'échantillon, mais absolument sèche. On a donné sous le titre de «terre fine» les résultats exprimant les proportions pour mille dans la terre sèche débarrassée des cailloux et du gravier.

TERRE N° 1. — RIEUCOULON. (Suite.)

POUR 1000.		0ᵐ 50 à 0ᵐ 75.					0ᵐ 75 à 1ᵐ 00.				
		TOTAL.	CALCAIRE.	SILICEUX.	NON CALCAIRE NON SILICEUX.	DÉBRIS ORGANIQUES.	TOTAL.	CALCAIRE.	SILICEUX.	NON CALCAIRE NON SILICEUX.	DÉBRIS ORGANIQUES.
Terre fine.	Sable grossier.	26.5	10.7	13.7	0.4	1.7	22.5	9.2	11.6	0.5	1.2
	Sable fin. . . .	699.5	398.4	254.2	46.9	″	734.3	357.2	318.1	59.0	″
	Argile.	269.4	″	″	″	″	239.1	″	″	″	″
	Humus	4.6	″	″	″	″	4.1	″	″	″	″
		1000.0	409.1	267.9	47.3	1.7	1000.0	366.4	329.7	59.5	1.2
Terre complète.	Cailloux.	0.0	″	″	″	″	0.0	″	″	″	″
	Gravier.	0.0	″	″	″	″	0.0	″	″	″	″
	Sable grossier.	26.5	10.7	13.7	0.4	1.7	22.5	9.2	11.6	0.5	1.2
	Sable fin. . . .	699.5	398.4	254.2	46.9	″	734.3	357.2	318.1	59.0	″
	Argile.	269.4	″	″	″	″	239.1	″	″	″	″
	Humus	4.6	″	″	″	″	4.1	″	″	″	″
		1000.0	409.1	267.9	47:3	1.7	1000.0	366.4	329.7	59.5	1.2

POUR 1000.	TERRE FINE.	TERRE COMPLÈTE.	TERRE FINE.	TERRE COMPLÈTE.
Azote.	1.19	1.19	0.91	0.91
Acide phosphorique.	0.94	0.94	1.00	1.00
Potasse.	5.00	5.00	5.00	5.00
Chaux.	146.47	146.47	156.62	156.62
Magnésie.	3.04	3.04	3.69	3.69
Fer.	20.50	20.50	22.74	22.74
Sel marin.	18.08	18.08	18.80	18.80

TERRE N° 1. — RIEUCOULON. (Suite.)

POUR 1000.		1m 00 À 1m 25.					1m 25 À 1m 50.				
		TOTAL.	CALCAIRE.	SILICEUX.	NON CALCAIRE NON SILICEUX.	DÉBRIS ORGANIQUES.	TOTAL.	CALCAIRE.	SILICEUX.	NON CALCAIRE NON SILICEUX.	DÉBRIS ORGANIQUES.
Terre fine.	Sable grossier.	18.6	11.7	4.9	0.5	1.5	36.4	16.4	18.4	0.3	1.3
	Sable fin.....	696.9	344.9	285.9	66.1	//	664.6	339.9	260.3	64.4	//
	Argile.......	282.9	//	//	//	//	297.9	//	//	//	//
	Humus	1.6	//	//	//	//	1.1	//	//	//	//
		1000.0	356.6	290.8	66.6	1.5	1000.0	356.3	278.7	64.7	1.3
Terre complète.	Cailloux.....	0.0	//	//	//	//	0.0	//	//	//	//
	Gravier.....	0.0	//	//	//	//	0.0	//	//	//	//
	Sable grossier.	18.6	11.7	4.9	0.5	1.5	36.4	16.4	18.4	0.3	1.3
	Sable fin.....	696.9	344.9	285.9	66.1	//	664.6	339.9	260.3	64.4	//
	Argile.......	282.9	//	//	//	//	297.9	//	//	//	//
	Humus	1.6	//	//	//	//	1.1	//	//	//	//
		1000.0	356.6	290.8	66.6	1.5	1000.0	356.3	278.7	64.7	1.3

POUR 1000.	TERRE FINE.	TERRE COMPLÈTE.	TERRE FINE.	TERRE COMPLÈTE.	
Azote.........................	//	//	//	//	
Acide phosphorique............	//	//	//	//	
Potasse.......................	//	//	//	//	
Chaux........................	//	//	//	//	
Magnésie......................	//	//	//	//	
Fer...........................	//	//	//	//	
Sel marin.....................	26.20	26.20	26.79	26.79	

TERRE N° 2. — LE CABANON.

POUR 1000.	0m à 0m 25.					0m 25 à 0m 50.				
	TOTAL.	CALCAIRE.	SILICEUX.	NON CALCAIRE NON SILICEUX.	DÉBRIS ORGANIQUES.	TOTAL.	CALCAIRE.	SILICEUX.	NON CALCAIRE NON SILICEUX.	DÉBRIS ORGANIQUES.
Terre fine. Sable grossier.	81.3	28.9	42.0	1.2	9.2	21.1	8.2	10.5	0.4	2.0
Sable fin. . . .	659.9	332.9	315.7	11.3	"	650.9	327.8	267.2	55.9	"
Argile.	256.6	"	"	"	"	324.1	"	"	"	"
Humus	2.2	"	"	"	"	3.9	"	"	"	"
	1000.0	361.8	357.7	12.5	9.2	1000.0	336.0	277.7	56.3	2.0
Terre complète. Cailloux.	0.0	"	"	"	"	0.0	"	"	"	"
Gravier.	0.0	"	"	"	"	0.0	"	"	"	"
Sable grossier.	81.3	28.9	42.0	1.2	9.2	21.1	8.2	10.5	0.4	2.0
Sable fin. . . .	659.9	332.9	315.7	11.3	"	650.9	327.8	267.2	55.9	"
Argile.	256.6	"	"	"	"	324.1	"	"	"	"
Humus	2.2	"	"	"	"	3.9	"	"	"	"
	1000.0	361.8	357.7	12.5	9.2	1000.5	336.0	277.7	56.3	2.0

POUR 1000.	TERRE FINE.	TERRE COMPLÈTE.	TERRE FINE.	TERRE COMPLÈTE.
Azote.	2.27	2.27	1.25	1.25
Acide phosphorique.	0.94	0.94	0.97	0.97
Potasse.	2.49	2.49	2.38	2.38
Chaux.	177.57	177.57	173.30	173.30
Magnésie.	3.44	3.44	3.60	3.60
Fer.	22.51	22.51	26.32	26.32
Sel marin.	0.70	0.70	6.67	6.67

TERRE N° 2. —— LE CABANON. (Suite.)

POUR 1000.	0ᵐ 50 à 0ᵐ 75.					0ᵐ 75 à 1ᵐ 00.				
	TOTAL.	CALCAIRE.	SILICEUX.	NON CALCAIRE NON SILICEUX.	DÉBRIS ORGANIQUES.	TOTAL.	CALCAIRE.	SILICEUX.	NON CALCAIRE NON SILICEUX.	DÉBRIS ORGANIQUES.
Terre fine. Sable grossier.	36.4	12.5	20.7	0.4	2.8	35.7	12.1	20.6	0.2	2.8
Sable fin. . . .	618.2	328.3	233.5	56.4	//	601.9	318.4	217.6	55.9	//
Argile.	340.9	//	//	//	//	359.9	//	//	//	//
Humus	4.5	//	//	//	//	2.5	//	//	//	//
	1000.0	340.8	254.2	56.8	2.8	1000.0	330.5	238.2	56.1	2.8
Terre complète. Cailloux.	0.0	//	//	//	//	0.0	//	//	//	//
Gravier.	0.0	//	//	//	//	0.0	//	//	//	//
Sable grossier.	36.4	12.5	20.7	0.4	2.8	35.7	12.1	20.6	0.2	2.8
Sable fin. . . .	618.2	328.3	233.5	56.4	//	601.9	318.4	217.6	55.9	//
Argile.	340.9	//	//	//	//	359.9	//	//	//	//
Humus	4.5	//	//	//	//	2.5	//	//	//	//
	1000.0	340.8	254.2	56.8	2.8	1000.0	330.5	238.2	56.1	2.8

POUR 1000.	TERRE FINE.	TERRE COMPLÈTE.	TERRE FINE.	TERRE COMPLÈTE.	
Azote.	1.05	1.05	0.97	0.97	. . . . . .
Acide phosphorique.	1.12	1.12	1.01	1.01	. . . . . .
Potasse.	4.46	4.46	6.56	6.56	. . . . . .
Chaux.	152.88	152.88	173.23	173.23	. . . . . .
Magnésie.	8.15	8.15	7.56	7.56	. . . . . .
Fer.	27.22	27.22	28.11	28.11	. . . . . .
Sel marin.	12.75	12.75	17.20	17.20	

TERRE N° 2. —— LE CABANON. (Suite.)

POUR 1000.	1ᵐ 00 à 1ᵐ 25.					1ᵐ 25 à 1ᵐ 50.				
	TOTAL.	CALCAIRE.	SILICEUX.	NON CALCAIRE NON SILICEUX.	DÉBRIS ORGANIQUES.	TOTAL.	CALCAIRE.	SILICEUX.	NON CALCAIRE NON SILICEUX.	DÉBRIS ORGANIQUES.
Terre fine. Sable grossier.	24.7	9.2	12.7	0.8	2.0	54.1	20.7	29.8	1.4	2.2
Sable fin. . . .	661.0	316.2	284.8	60.0	″	693.2	320.5	304.2	68.5	″
Argile.	313.1	″	″	″	″	251.1	″	″	″	″
Humus	1.2	″	″	″	″	1.6	″	″	″	″
	1000.0	325.4	297.5	60.8	2.0	1000.0	341.2	334.0	69.9	2.2
Terre complète. Cailloux.	0.0	″	″	″	″	0.0	″	″	″	″
Gravier.	0.0	″	″	″	″	0.0	″	″	″	″
Sable grossier.	24.7	9.2	12.7	0.8	2.0	54.1	20.7	29.8	1.4	2.2
Sable fin. . . .	661.0	316.2	284.8	60.0	″	693.2	320.5	304.2	68.5	″
Argile.	313.1	″	″	″	″	251.1	″	″	″	″
Humus	1.2	″	″	″	″	1.6	″	″	″	″
	1000.0	325.4	297.5	60.8	2.0	1000.0	341.2	334.0	69.9	2.2

POUR 1000.	TERRE FINE.	TERRE COMPLÈTE.	TERRE FINE.	TERRE COMPLÈTE.	
Azote.	″	″	″	″	
Acide phosphorique.	″	″	″	″	
Potasse.	″	″	″	″	
Chaux.	″	″	″	″	
Magnésie.	″	″	″	″	
Fer.	″	″	″	″	
Sel marin.	20.35	20.35	22.23	22.23	

TERRE N° 3. — BOUE DE L'ÉTANG.

POUR 1000.	0ᵐ À 0ᵐ 25.					0ᵐ 25 À 0ᵐ 50.				
	TOTAL.	CALCAIRE.	SILICEUX.	NON CALCAIRE NON SILICEUX.	DÉBRIS ORGANIQUES.	TOTAL.	CALCAIRE.	SILICEUX.	NON CALCAIRE NON SILICEUX.	DÉBRIS ORGANIQUES.
Terre fine. Sable grossier.	58.9	41.8	12.2	2.1	2.8	23.7	13.0	8.0	1.0	1.7
Sable fin....	665.0	355.6	251.1	58.3	//	637.3	324.9	229.7	82.7	//
Argile......	271.7	//	//	//	//	336.4	//	//	//	//
Humus.....	4.4	//	//	//	//	2.6	//	//	//	//
	1000.0	397.4	263.3	60.4	2.8	1000.0	337.9	237.7	83.7	1.7
Terre complète. Cailloux.....	0.0	//	//	//	//	0.0	//	//	//	//
Gravier.....	0.0	//	//	//	//	0.0	//	//	//	//
Sable grossier.	58.9	41.8	12.2	2.1	2.8	23.7	13.0	8.0	1.0	1.7
Sable fin....	665.0	355.6	251.1	58.3	//	637.3	324.9	229.7	82.7	//
Argile......	271.7	//	//	//	//	336.4	//	//	//	//
Humus.....	4.4	//	//	//	//	2.6	//	//	//	//
	1000.0	397.4	263.3	60.4	2.8	1000.0	337.9	237.7	83.7	1.7

POUR 1000.	TERRE FINE.	TERRE COMPLÈTE.	TERRE FINE.	TERRE COMPLÈTE.	
Azote.....................	1.37	1.37	1.03	1.03	
Acide phosphorique............	1.11	1.11	1.12	1.12	
Potasse....................	6.64	6.64	8.30	8.30	
Chaux....................	166.78	166.78	178.72	178.72	
Magnésie.................	7.07	7.07	4.01	4.01	
Fer......................	20.94	20.94	24.86	24.86	
Sel marin.................	46.63	46.63	48.78	48.78	

TERRE Nº 4. — LA LONGUE (DOMAINE DE PRADELAINE).

POUR 1000.		0ᵐ à 0ᵐ 25.					0ᵐ 25 à 0ᵐ 50.				
		TOTAL.	CALCAIRE.	SILICEUX.	NON CALCAIRE NON SILICEUX.	DÉBRIS ORGANIQUES.	TOTAL.	CALCAIRE.	SILICEUX.	NON CALCAIRE NON SILICEUX.	DÉBRIS ORGANIQUES.
Terre fine.	Sable grossier.	34.3	17.0	13.5	0.7	3.1	17.2	9.2	6.0	0.6	1.4
	Sable fin. ...	731.3	493.3	215.3	22.7	//	735.0	507.4	191.1	36.5	//
	Argile......	228.5	//	//	//	//	243.6	//	//	//	//
	Humus	6.1	//	//	//	//	4.2	//	//	//	//
		1000.0	510.3	228.8	23.4	3.1	1000.0	516.6	197.1	37.1	1.4
Terre complète.	Cailloux.....	0.0	//	//	//	//	0.0	//	//	//	//
	Gravier.	0.0	//	//	//	//	0.0	//	//	//	//
	Sable grossier.	34.3	17.0	13.5	0.7	3.1	17.2	9.2	6.0	0.6	1.4
	Sable fin. ...	731.3	493.3	215.3	22.7	//	735.0	507.4	191.1	36.5	//
	Argile......	228.5	//	//	//	//	243.6	//	//	//	//
	Humus	6.1	//	//	//	//	4.2	//	//	//	//
		1000.0	510.3	228.8	23.4	3.1	1000.0	516.6	197.1	37.1	1.4

POUR 1000.	TERRE FINE.	TERRE COMPLÈTE.	TERRE FINE.	TERRE COMPLÈTE.	
Azote......................	1.50	1.50	1.05	1.05	......
Acide phosphorique............	1.23	1.23	1.04	1.04	
Potasse................	1.25	1.25	1.35	1.35	.....
Chaux..................	257.32	257.32	272.10	272.10	.....
Magnésie.	4.54	4.54	6.53	6.53	
Fer...................	17.75	17.75	16.63	16.63	......
Sel marin................	0.34	0.34	0.43	0.43	

TERRE N° 4. — LA LONGUE (DOMAINE DE PRADELAINE). [Suite.]

POUR 1000.		0m 50 à 0m 75.					0m 75 à 1m 00.				
		TOTAL.	CALCAIRE.	SILICEUX.	NON CALCAIRE NON SILICEUX.	DÉBRIS ORGANIQUES.	TOTAL.	CALCAIRE.	SILICEUX.	NON CALCAIRE NON SILICEUX.	DÉBRIS ORGANIQUES.
Terre fine.	Sable grossier.	16.9	9.5	5.0	0.8	1.6	14.3	8.4	4.3	0.3	1.3
	Sable fin....	711.4	507.7	183.2	25.5	//	690.8	468.7	197.2	24.9	//
	Argile......	267.5	//	//	//	//	290.9	//	//	//	//
	Humus.....	4.2	//	//	//	//	4.0	//	//	//	//
		1000.0	517.2	188.2	26.3	1.6	1000.0	477.1	201.5	25.2	1.3
Terre complète.	Cailloux.....	0.0	//	//	//	//	0.0	//	//	//	//
	Gravier.....	0.0	//	//	//	//	0.0	//	//	//	//
	Sable grossier.	16.9	9.5	5.0	0.8	1.6	14.3	8.4	4.3	0.3	1.3
	Sable fin....	711.4	507.7	183.2	25.5	//	690.8	468.7	197.2	24.9	//
	Argile......	267.5	//	//	//	//	290.9	//	//	//	//
	Humus.....	4.2	//	//	//	//	4.0	//	//	//	//
		1000.0	517.2	188.2	26.3	1.6	1000.0	477.1	201.5	25.2	1.3

POUR 1000.	TERRE FINE.	TERRE COMPLÈTE.	TERRE FINE.	TERRE COMPLÈTE.	
Azote.....................	0.89	0.89	0.83	0.83	...
Acide phosphorique...........	1.07	1.07	1.14	1.14	
Potasse.................	2.46	2.46	2.38	2.38	
Chaux..................	275.63	275.63	273.33	273.33	
Magnésie................	1.26	1.26	2.97	2.97	
Fer....................	16.58	16.58	21.39	21.39	
Sel marin................	0.61	0.61	0.84	0.84	

TERRE N° 4. —— LA LONGUE (DOMAINE DE PRADELAINE). [Suite.]

| POUR 1000. | | 1m 00 à 1m 25. | | | | 1m 25 à 1m 50. | | | |
	TOTAL.	CALCAIRE.	SILICEUX.	NON CALCAIRE NON SILICEUX.	DÉBRIS ORGANIQUES.	TOTAL.	CALCAIRE.	SILICEUX.	NON CALCAIRE NON SILICEUX.	DÉBRIS ORGANIQUES.
Terre fine. Sable grossier.	14.7	7.2	6.6	0.2	0.7	35.5	19.1	15.6	0.2	0.6
Sable fin. . . .	667.4	403.4	232.4	31.6	//	690.7	470.4	186.8	33.5	//
Argile.	316.8	//	//	//	//	272.1	//	//	//	//
Humus	1.1	//	//	//	//	1.7	//	//	//	//
	1000.0	410.6	239.0	31.8	0.7	1000.0	489.5	202.4	33.7	0.6
Terre complète. Cailloux.	0.0	//	//	//	//	0.0	//	//	//	//
Gravier.	0.0	//	//	//	//	0.0	//	//	//	//
Sable grossier.	14.7	7.2	6.6	0.2	0.7	35.5	19.1	15.6	0.2	0.6
Sable fin. . . .	667.4	403.4	232.4	31.6	//	690.7	470.4	186.8	33.5	//
Argile.	316.8	//	//	//	//	272.1	//	//	//	//
Humus	1.1	//	//	//	//	1.7	//	//	//	//
	1000.0	410.6	239.0	31.8	0.7	1000.0	489.5	202.4	33.7	0.6

POUR 1000.	TERRE FINE.	TERRE COMPLÈTE.	TERRE FINE.	TERRE COMPLÈTE.
Azote.	//	//	//	//
Acide phosphorique.	//	//	//	//
Potasse.	//	//	//	//
Chaux.	//	//	//	//
Magnésie.	//	//	//	//
Fer.	//	//	//	//
Sel marin.	1.36	1.36	1.99	1.99

ANALYSE PHYSIQUE

Classification et Nomenclature
des terres arables
d'après la constitution minéralogique (agricole) de la terre fine sèche
(fraction de la terre complète passant au tamis de 10 fils au centimètre)

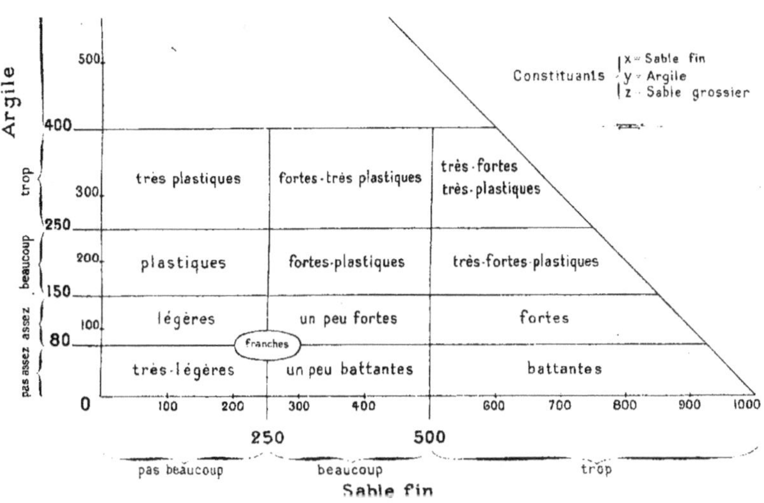

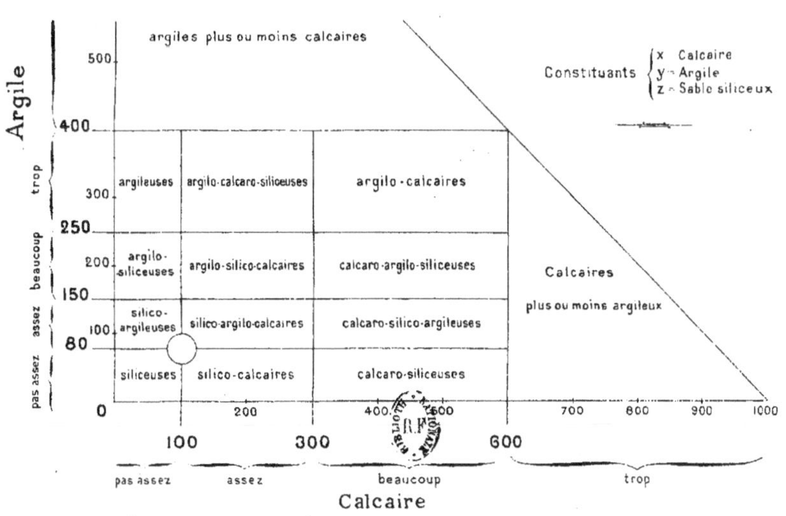

REPRÉSENTATION GRAPHIQUE DES RÉSULTATS.

Les résultats de l'analyse mécanique et de l'analyse minéralogique succincte des terres ont été représentés graphiquement d'après une méthode que nous avons exposée ailleurs [1]. Nous en rappellerons seulement le principe.

Les valeurs simultanées que prennent trois variables x, y, z, soumises à la seule condition que leur somme reste constante $(x + y + z = k)$, peuvent être représentées sur le plan du papier, en utilisant la propriété suivante. Soit, à l'intérieur d'un triangle rectangle isocèle, un point M déterminé par les deux valeurs x et y comptées en coordonnées rectangulaires, les côtés de l'angle droit du triangle étant pris comme axes. Le prolongement z de l'une des deux coordonnées jusqu'à sa rencontre avec l'hypoténuse est tel que l'on a :

$$x + y + z = k.$$

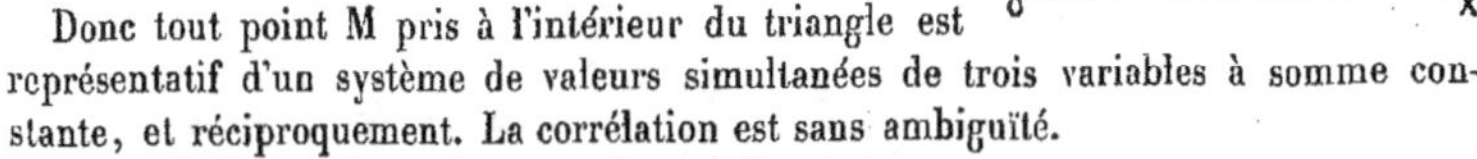

Donc tout point M pris à l'intérieur du triangle est représentatif d'un système de valeurs simultanées de trois variables à somme constante, et réciproquement. La corrélation est sans ambiguïté.

Ce mode de représentation peut être appliqué :

1° A la terre complète subdivisée en cailloux, graviers, terre fine (ici sans intérêt);

2° A la terre fine subdivisée en sable fin, argile, sable grossier (analyse mécanique);

3° A la terre fine subdivisée en calcaire, argile, sable siliceux (analyse minéralogique succincte).

Quant à l'interprétation des résultats, nous admettons celle qui est représentée par la planche II.

Les résultats de l'analyse chimique, c'est-à-dire les teneurs en substances alimentaires pour les végétaux, peuvent être figurés en groupant dans un même diagramme les teneurs en une même substance, l'azote par exemple, présentées par les échantillons pris en un même point à des profondeurs croissantes (voir planches).

Au reste, pour ces substances, comme pour l'humidité et pour le chlore, les représentations graphiques sont aisément lisibles sans explications préalables.

2. Constitution mécanique et constitution minéralogique (agricole) des terres.

—

CONSTITUTION MÉCANIQUE DES TERRES.

N° 1. Rieucoulon. — Les six échantillons répartis, par couches de 0 m. 25, depuis la surface jusqu'à 1 m. 50, peuvent être considérés comme présentant la même consti-

---

[1] *Comptes rendus de l'Académie des sciences*, 6 mars, 15 mai, 7 août 1905.

tution mécanique. Cette constitution est intermédiaire entre celle des terres que nous avons dénommées *fortes-plastiques* et celles des terres dites *très fortes-très plastiques* (voir pl. III).

Mieux que les dénominations précédentes, la place de leurs points représentatifs sur le graphique signale leurs caractères distinctifs. Ces points sont tout près de l'hypoténuse qui limite le triangle; ils signalent l'absence presque totale du sable grossier. La terre, sans cailloux, ni graviers, ni sable grossier, est entièrement faite d'un mélange de sable fin et d'argile.

N° 2. Le Cabanon. — Les six échantillons du Cabanon, pris également depuis la surface jusqu'à 1 m. 50, se classent parmi les terres *très fortes-très plastiques*. Le sable grossier en est absent; l'argile y est encore plus abondante que dans les terres de Rieucoulon (voir pl. IV).

N° 3. Boue de l'étang. — Les deux échantillons prélevés, l'un de 0 à 0 m. 25, l'autre de 0 m. 25 à 0 m. 50, dans la boue du bord de l'étang, ont une constitution mécanique identique à celle de la terre de Cabanon. Cette boue constitue une terre *très forte-très plastique* (voir pl. V).

N° 4. Terre la Longue (domaine de Pradelaine). — Les six échantillons répartis, par couches de 25 centimètres, depuis la surface jusqu'à 1 m. 50, peuvent être considérés comme présentant la même constitution mécanique. De même que pour les échantillons précédemment étudiés, Rieucoulon et Le Cabanon, cette constitution est intermédiaire entre celle des terres que nous avons dénommées *très fortes-plastiques* et celle des terres dites *très fortes-très plastiques* (voir pl. VI).

Les points représentatifs voisinent de très près l'hypoténuse du triangle rectangle, ce qui indique une absence totale de sable grossier. Ces terres sont exclusivement un mélange de sable fin et d'argile.

CONSTITUTION MINÉRALOGIQUE (AGRICOLE) DES TERRES.

N° 1, Rieucoulon; n° 2, Le Cabanon; n° 3, Boue de l'étang. — Si l'on fait dans les échantillons des séparations destinées à la détermination respective du calcaire, de l'argile et du sable siliceux, on obtient, pour les trois points échantillonnés et à toutes les profondeurs explorées, des résultats pratiquement équivalents. Toutes les terres se classent dans le groupe des terres *argilo-calcaires*, cette désignation ayant le sens précis adopté dans notre nomenclature, c'est-à-dire indiquant une proportion relativement très faible de sable siliceux, même fin (voir pl. III, IV, V, VI).

On peut se rendre compte, dans le graphique indiquant la place des points représentatifs, que la teneur en calcaire varie peu d'un point échantillonné à un autre. Dans Rieucoulon, les teneurs oscillent autour de 40 p. 100; dans le Cabanon, les teneurs n'atteignent pas ce chiffre, mais elles sont toutes comprises entre 30 et 40; dans la boue de l'étang nous retrouvons les teneurs de Rieucoulon.

N° 4. Terre la Longue (domaine de Pradelaine). — On peut ramener l'ensemble des couches jusqu'à 1 m. 50 au type *argilo-calcaire*. A la surface, il y a un peu plus de

ANALYSE PHYSIQUE

ÉTANG DE L'ARNEL
(Nº 1 _ Rieucoulon)

Classification et Nomenclature
des terres arables
d'après la constitution minéralogique (agricole) de la terre fine sèche
(fraction de la terre complète passant au tamis de 10 fils au centimètre)

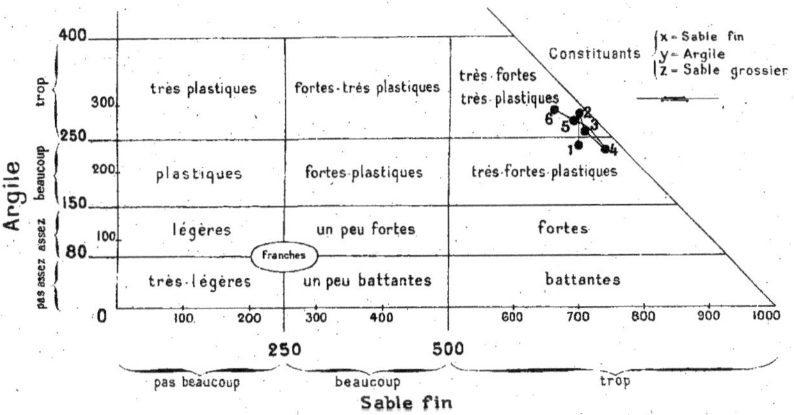

Nº1 *Couche de terre de 0 à 25 cent.* Nº4 *Couche de terre de 75 à 100 cent.*
Nº2 .... *dº* .... 25 à 50 ... »   Nº5 .... *dº* .... 100 à 125 ... »
Nº3 .... *dº* .... 50 à 75 ... »   Nº6 .... *dº* .... 125 à 150 ... »

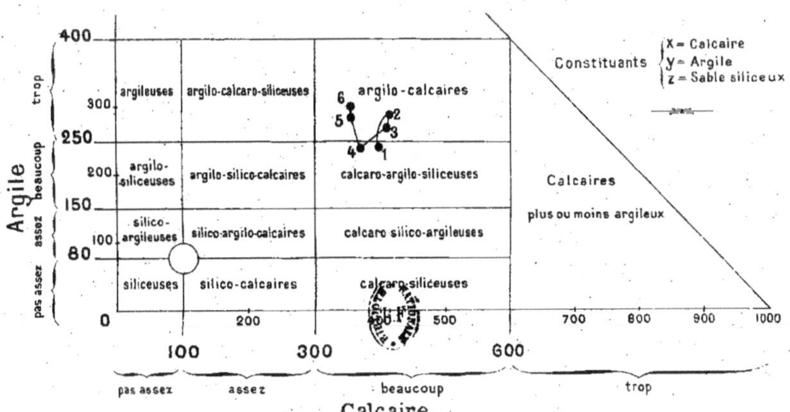

ANALYSE PHYSIQUE

ÉTANG DE L'ARNEL

(N.º 2 _ Le Cabanon)

Classification et Nomenclature
des terres arables
d'après la constitution minéralogique (agricole) de la terre fine sèche
(fraction de la terre complète passant au tamis de 10 fils au centimètre)

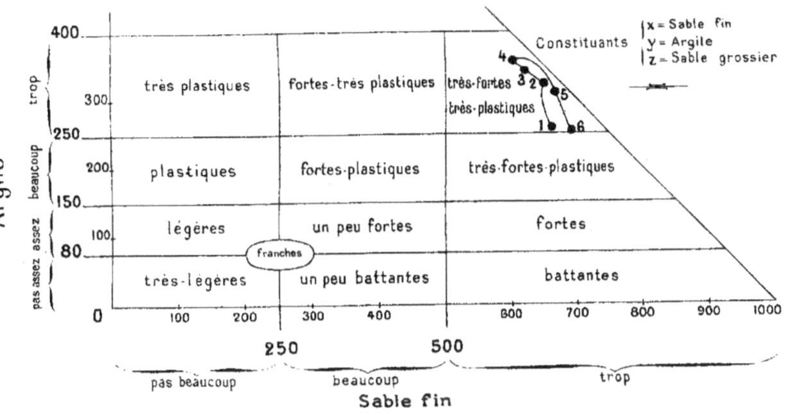

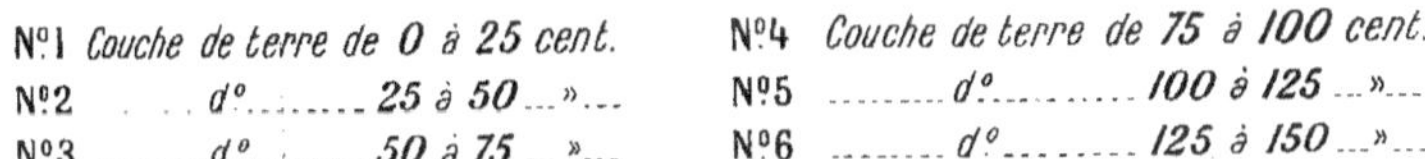

Nº1 *Couche de terre de 0 à 25 cent.* Nº4 *Couche de terre de 75 à 100 cent.*
Nº2   d.º ……… 25 à 50 …»… Nº5 ……… d.º ……… 100 à 125 …»…
Nº3 ……… d.º ……… 50 à 75 …»… Nº6 ……… d.º ……… 125 à 150 …»…

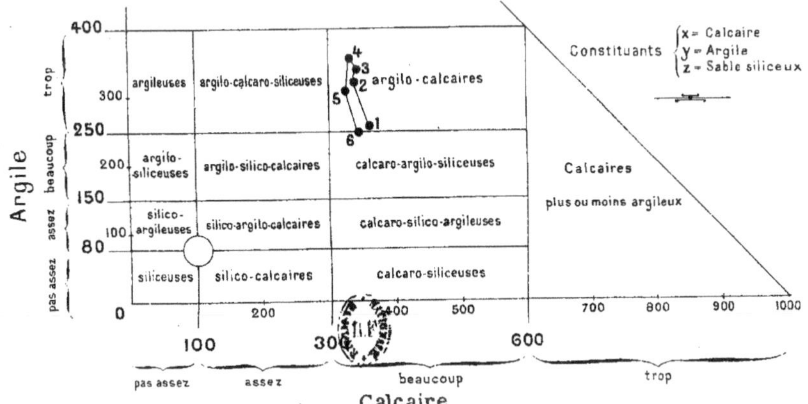

ANALYSE PHYSIQUE

ÉTANG DE L'ARNEL
(Nº 3 _ Boue de l'Étang)

Classification et Nomenclature
des terres arables
d'après la constitution minéralogique (agricole) de la terre fine sèche
(fraction de la terre complète passant au tamis de 10 fils au centimètre)

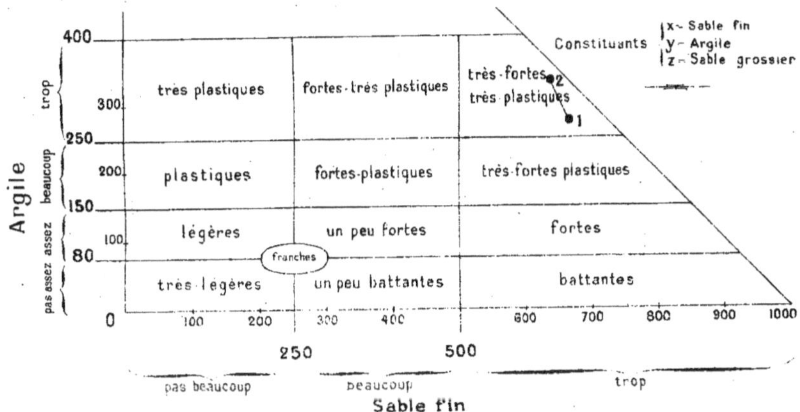

Nº1 *Couche de terre de 0 à 25 cent.*   Nº4 *Couche de terre de 75 à 100 cent.*
Nº2 ...... *dº* ...... 25 à 50 ... » ...   Nº5 .... *dº* .... 100 à 125 ...»...
Nº3 .... *dº* ...... 50 à 75 ... » ...   Nº6 .... *dº* .... 125 à 150 ...»...

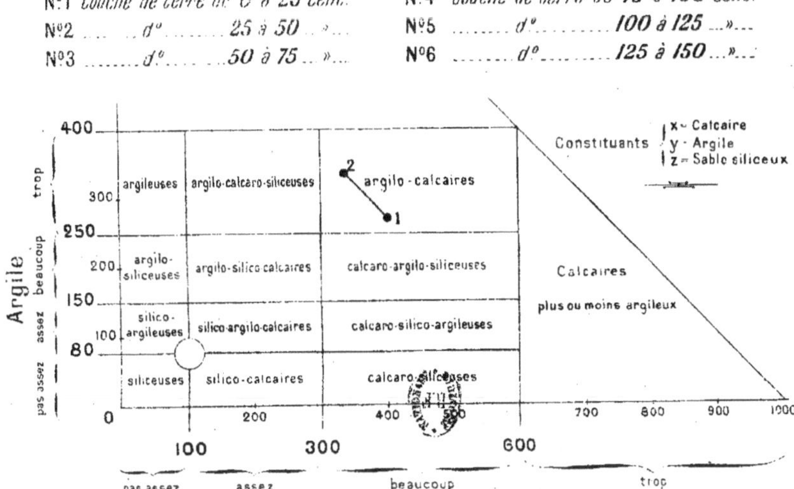

ANALYSE PHYSIQUE

DOMAINE DE PRADELAINE

Classification et Nomenclature
des terres arables

d'après la constitution minéralogique (agricole) de la terre fine sèche

(fraction de la terre complète passant au tamis de 10 fils au cent.^{re})

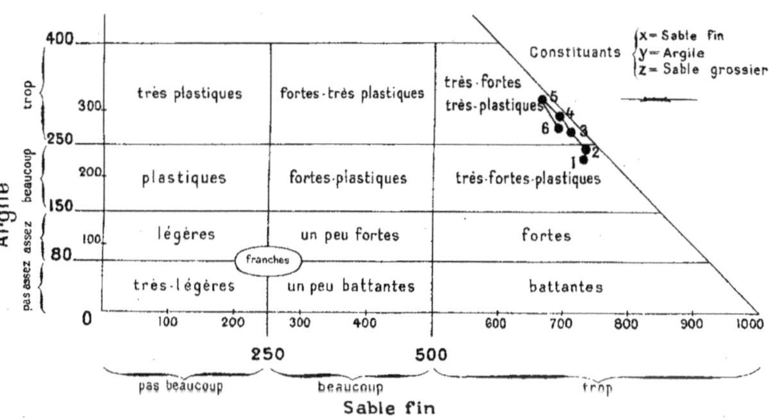

N.º 1 *Couche de terre de 0 à 25 cent.*
N.º 2 .... d.º .... 25 à 50 ....»....
N.º 3 .... d.º .... 50 à 75 ....»....
N.º 4 *Couche de terre de 75 à 100 cent.*
N.º 5 .... d.º .... 100 à 125 ....»....
N.º 6 .... d.º .... 125 à 150 ....»....

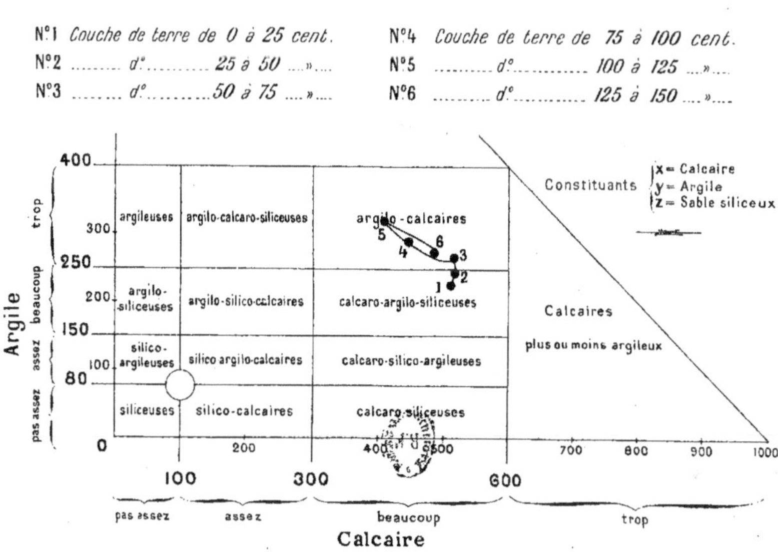

sable fin ; mais il serait oiseux de faire une distinction entre ce sable si fin et l'argile qui n'est elle-même qu'un sable extrêmement fin (voir pl. VI).

La teneur en calcaire est comprise entre 40 et 50 p. 100. C'est une teneur plus élevée, en moyenne, que pour les terres Rieucoulon et Cabanon (de 30 à 40 p. 100). Nous verrons d'ailleurs que la teneur en calcaire augmente en général dans les alluvions du Lez à mesure que l'on considère des dépôts plus anciens.

3. Nature du calcaire.

N° 1, Rieucoulon ; n° 2, Le Cabanon, n° 3, Boue de l'étang. — Nous avons fait l'essai de tous nos échantillons au calcimètre enregistreur Houdaille, appareil qui donne un graphique en relation avec la vitesse d'attaque du calcaire par l'acide chlorhydrique dilué.

Il résulte de ces essais que tous les échantillons, à toutes les profondeurs, contiennent du *calcaire très rapidement attaquable* et, par conséquent, très actif soit dans les réactions du sol, soit à l'égard des végétaux.

Ce résultat est en conformité avec l'observation du calcaire dans les lots de séparation mécanique. C'est presque exclusivement dans le lot sable fin, que se trouve localisé le calcaire ; le lot sable grossier est d'ailleurs pratiquement inexistant dans ces terres.

N° 4. Terre la Longue (domaine de Pradelaine). — Au calcimètre enregistreur Houdaille, le calcaire apparaît comme très rapidement attaquable à toute profondeur. Il est par conséquent très actif. Ce résultat concorde avec la grande finesse des particules calcaires constatée par l'analyse mécanique.

4. Matière organique. Réaction des terres.

N° 1, *Rieucoulon.* N° 2, *Le Cabanon.* N° 3, *Boue de l'Étang.*

Matière organique. — Rapprochons les quantités trouvées, à différentes profondeurs, pour les débris organiques et pour l'humus :

POUR 1000.	RIEUCOULON.		LE CABANON.		BOUE DE L'ÉTANG.	
	DÉBRIS.	HUMUS.	DÉBRIS.	HUMUS.	DÉBRIS.	HUMUS.
De 0ᵐ00 à 0ᵐ25...	2.8	6.7	9.2	2.2	2.8	4.4
De 0ᵐ25 à 0ᵐ50...	1.0	3.4	2.0	3.9	1.7	2.6
De 0ᵐ50 à 0ᵐ75...	1.7	4.6	2.8	4.5	//	//
De 0ᵐ75 à 1ᵐ00...	1.2	4.1	2.8	2.5	//	//
De 1ᵐ00 à 1ᵐ25...	1.5	1.6	2.0	1.2	//	//
De 1ᵐ25 à 1ᵐ50...	1.3	1.1	2.2	1.6	//	//

Dans la couche tout à fait superficielle, on trouve, soit en humus, soit en débris organiques des teneurs qui ne sont pas négligeables, quoique peu importantes ; dès 0 m. 25, il n'y a pour ainsi dire plus de matière organique.

Cette constatation n'étonne point l'observateur qui a parcouru ces terres ; la végétation y est très clairsemée, pour ainsi dire nulle.

C'est là un caractère tout à fait net des terres actuellement formées près de l'Arnel ou au sein de ses eaux. Ce ne sont pas des vases chargées de matières organiques, comme dans les marais roseliers.

Réaction des terres. — Dans les terres de l'Arnel et même dans la boue de l'étang, il y a beaucoup plus de calcaire qu'il n'en faut pour saturer l'acide humique. Ces terres ne sont donc pas acides.

N° 4, Terre la Longue (domaine de Pradelaine).

Matière organique. — Le tableau suivant contient les quantités trouvées à différentes profondeurs, pour les débris organiques et pour l'humus.

POUR 1000.	DÉBRIS ORGANIQUES.	HUMUS.
De 0ᵐ oo à 0ᵐ 25	3.1	6.1
De 0ᵐ 25 à 0ᵐ 5o	1.4	4.2
De 0ᵐ 5o à 0ᵐ 75	1.6	4.2
De 0ᵐ 75 à 1ᵐ oo	1.3	4.0
De 1ᵐ oo à 1ᵐ 25	0.7	1.1
De 1ᵐ 25 à 1ᵐ 5o	0.6	1.7

Dans la couche tout à fait superficielle, on trouve une dose d'humus qui est couramment rencontrée dans les vignobles de la région ; il y a dans les couches successives jusqu'à 1 mètre une teneur en humus qui est peu importante ; au-dessous de 1 mètre, il n'y a plus de matière organique.

Nous retrouvons, dans Pradelaine, les mêmes conditions que dans Rieucoulon et Le Cabanon.

Réaction des terres. — Comme dans Rieucoulon et Le Cabanon, il y a dans Pradelaine un grand excès de calcaire par rapport à l'humus et, par suite, pas de milieu acide.

5. Valeur alimentaire.

N° 1, Rieucoulon. N° 2, Le Cabanon.

Les graphiques (voir pl. VII) qui traduisent les résultats analytiques permettent de reconnaître sans effort les caractères de ces terres au point de vue des teneurs en substances alimentaires pour les végétaux. Les dosages ont été effectués selon les conventions admises en 1891 par le Comité consultatif des stations agronomiques.

Ce qui frappe en premier lieu, c'est la très grande analogie des diagrammes correspondant à une même substance dans les deux terres Rieucoulon et le Cabanon. De cette observation découle cette conséquence intéressante, c'est que le même type de terre se retrouve dans les formations de l'étang avec des caractères constants rela-

ANALYSE CHIMIQUE

Pour 1000 de terre complète sèche

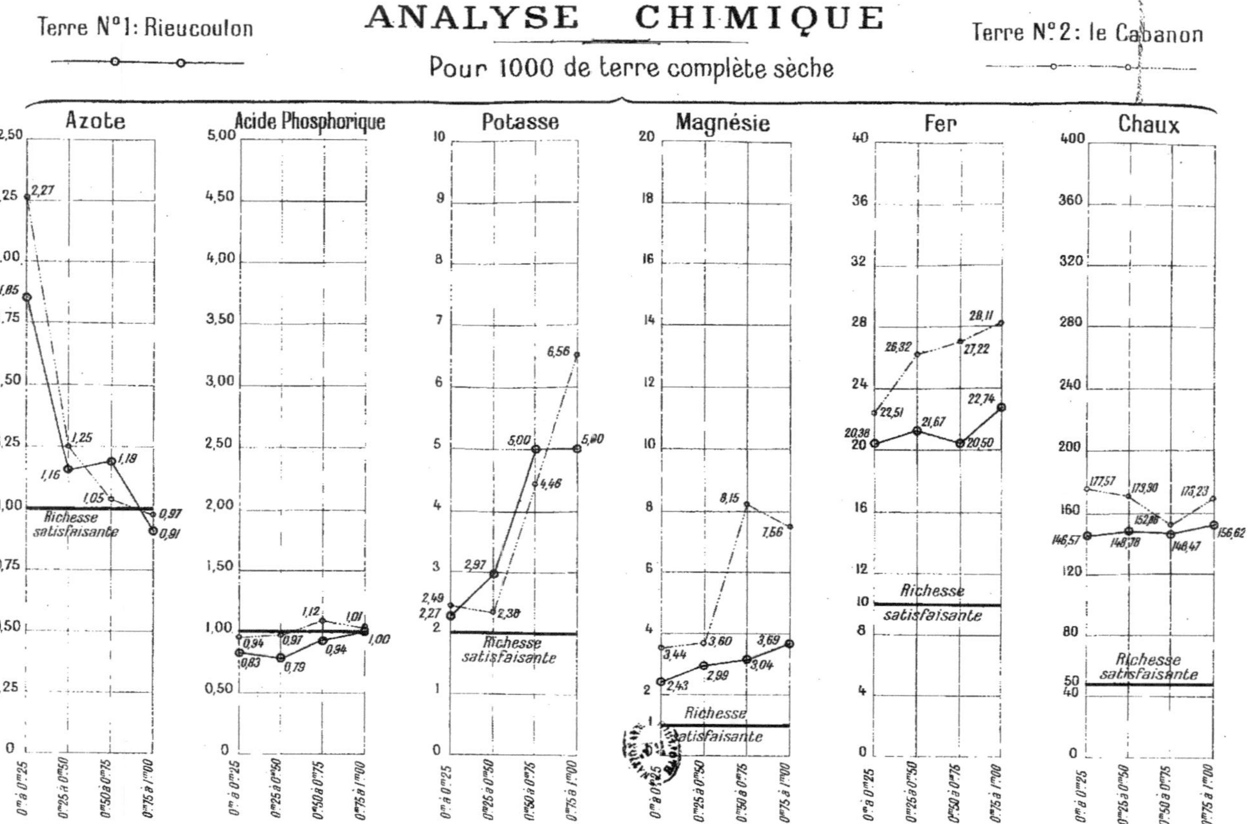

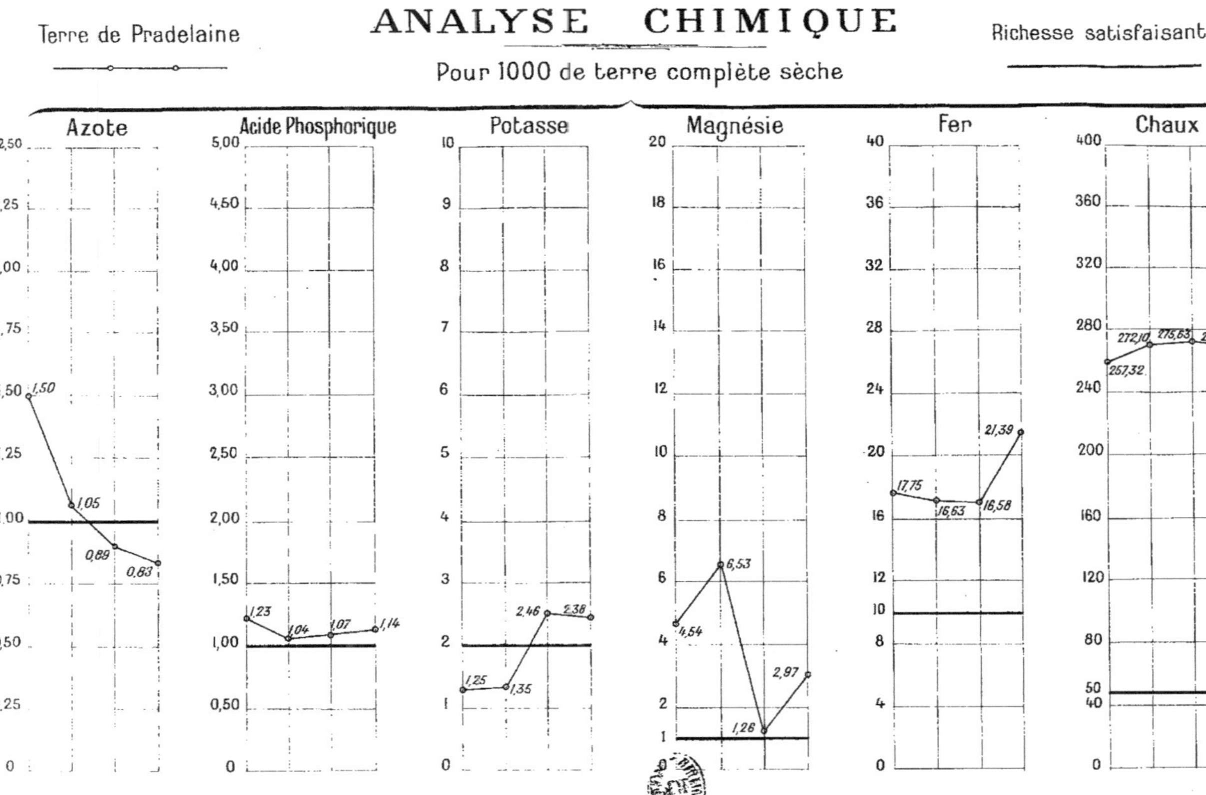
ANALYSE CHIMIQUE
Pour 1000 de terre complète sèche
Terre de Pradelaine
Richesse satisfaisante
Azote
Acide Phosphorique
Potasse
Magnésie
Fer
Chaux
1,50
1,05
0,89
0,83
1,23
1,04
1,07
1,14
2,46
2,38
1,25
1,35
6,53
4,54
2,97
1,26
21,39
17,75
16,63
16,58
272,10
275,63
273,33
257,32

tivement à la richesse alimentaire et à la répartition des éléments fertilisants en profondeur.

Pour l'*azote*, il y a décroissance régulière de la surface jusqu'à 1 mètre de profondeur. De plus la teneur reste nettement au-dessus de la richesse considérée comme satisfaisante, et la partie superficielle atteint le double de cette valeur.

Pour l'*acide phosphorique*, il y a une constance remarquable, à rapprocher de la constance du calcaire : cette teneur constante est sensiblement celle de 1 p. 1000, considérée comme satisfaisante.

Pour la *potasse*, la teneur augmente avec la profondeur au point d'approcher dans Rieucoulon et de dépasser, dans Le Cabanon, le triple de la dose satisfaisante (2 p. 1000) rencontrée et même dépassée dans la partie superficielle. Cette augmentation n'est pas explicable par une variation de la finesse des éléments du sol : l'analyse mécanique nous en donne la certitude; elle est due vraisemblablement à l'augmentation des matières salines apportées par les eaux salées; elle reproduit la variation observée pour le chlore.

Pour la *magnésie*, il y a dépassement de la dose (1 p. 1000) considérée comme satisfaisante, avec augmentation à mesure que la profondeur augmente.

Pour le *fer*, on trouve des doses supérieures à 20 p. 1000, avec tendance à l'accroissement avec la profondeur croissante.

La teneur en *chaux* est remarquablement constante quand on prend des profondeurs diverses.

N° 4, Terre la Longue (domaine de Pradelaine).

Il est fort intéressant de remarquer que, par rapport aux terres précédemment étudiées, Rieucoulon et Le Cabanon, le graphique (voir pl. VIII) représentant les teneurs en matières fertilisantes signale des points de ressemblance et quelques points de divergence.

Pour l'*azote*, nous avons comme dans Rieucoulon et Cabanon une rapide diminution avec la profondeur. A la partie supérieure, la teneur en azote est inférieure à celle de ces terres incultes, et à 1 mètre de profondeur cette teneur s'abaisse nettement au-dessous de la dose satisfaisante 1 pour 1000. Toutefois la répartition de l'azote et sa valeur élevée établissent une analogie nette entre les deux types de terre.

Pour l'*acide phosphorique*, l'analogie est encore plus marquée. Comme dans les terres de l'étang, les richesses en acide phosphorique sont remarquablement constantes à toute profondeur et demeurent très sensiblement voisines de la richesse satisfaisante 1 pour 1000.

La *potasse* suggère des réflexions différentes. S'il est vrai que la richesse en potasse s'accroît, comme dans Rieucoulon et Le Cabanon, à mesure qu'on échantillonne une couche plus profonde, cette richesse, d'abord inférieure à 2 pour 1000, de 0 mètre à 0 m. 50, ne dépasse pas beaucoup la valeur 2 pour 1000 de 0 m. 50 à 1 mètre. Cette différence peut s'expliquer, d'un côté par la teneur plus élevée en calcaire et là diminution des éléments siliceux porteurs de la potasse, d'un autre côté par le dessalement, qui a enlevé les sels de potasse en même temps que les sels de soude.

La *magnésie* apparaît comme abondante aussi bien dans Pradelaine que dans Rieucoulon et Le Cabanon.

Le *fer* présente des doses légèrement moindres que dans Rieucoulon et Le Cabanon.

La *chaux* est nettement plus abondante. Nous l'avons déjà fait remarquer à propos du calcaire.

6. Conclusions agrologiques.

RÉSUMÉ DES CONCLUSIONS AGROLOGIQUES.

N° 1, Rieucoulon. N° 2, Le Cabanon. N° 3, Boue de l'Étang.

Les terres du bord de l'Étang de l'Arnel et celles qui forment en ce moment le fond peuvent être caractérisées en quelques mots :

Terres très fortes-très plastiques, argilo-calcaires, dont le calcaire ne varie qu'entre 3o et 4o p. 100, et reste partout très rapidement attaquable; pauvres en matière organique; non acides.

Ces caractères se retrouvent identiquement depuis la surface jusqu'à 1 m. 5o de profondeur.

Riches en azote jusqu'à 1 mètre de profondeur; moyennement riches en acide phosphorique jusqu'à 1 mètre; riches en potasse à la partie superficielle et d'autant plus riches en cet élément que l'on envisage un échantillon prélevé à une profondeur plus grande; riches en magnésie; riches en fer; extrêmement riches en chaux.

N° 4, Terre la Longue (domaine de Pradelaine).

La terre de Pradelaine, pièce dite La Longue, peut être définie par la diagnose suivante :

Terre très forte-très plastique; argilo-calcaire, dont le calcaire varie entre 4o et 5o p. 100, et reste partout très rapidement attaquable; pauvre en matière organique; non acide.

Ces caractères se retrouvent identiquement depuis la surface jusqu'à 1 m. 5o de profondeur.

Riche en azote jusqu'à 5o centimètres de profondeur; moyennement riche en acide phosphorique jusqu'à 1 mètre; moyennement riche en potasse, cette richesse augmentant avec la profondeur; riche en magnésie; riche en fer; extrêmement riche en chaux.

III

ÉTUDE DU RÉGIME DE L'HUMIDITÉ ET DU CHLORE.

Les six échantillonnages échelonnés du 12 décembre 1906 au 8 octobre 1908 ont amené au laboratoire de nombreux échantillons qui ont été l'objet d'analyses spéciales pour l'étude du régime de l'humidité et du chlore sur trois points : 1° Rieucoulon, 2° Le Cabanon, 3° Pradelaine (pièce La Longue). A diverses reprises nous avons également prélevé des échantillons d'eau dans l'étang.

Voici, en tableaux synoptiques, les chiffres trouvés dans ces analyses. Nous groupons

COUCHE de TERRE.	ÉCHANTILLONNAGES.											
	1 — 12 déc. 1906.		2 — 6 juin 1907.		3 — 26 juillet 1907.		4 — 9 sept. 1907.		5 — 14 mai 1908.		6 — 8 octobre 1908.	
	Cl.	NaCl.	Cl.	NaCl.	Cl.	NaCl.	Cl.	NaCl.	Cl.	NaCl.	Cl.	NaCl.
centimètres.	p. 1000	p. 1000	p. 1000	p. 1000	p. 1000	p. 1000	p. 1000	p. 1000	p. 1000	p. 1000	p. 1000	p. 1000
I. TERRE SÈCHE. (Suite.)												
100 à 125			14.34	23.63	15.90	26.20	15.05	24.80	13.70	22.58	12.64	20.83
125 à 150			17.50	28.84	16.26	26.79	17.18	28.31	15.83	26.08	13.63	22.46
150 à 175			18.07	29.78	16.33	26.91	18.18	29.96	15.55	25.63	15.19	25.03
175 à 200			19.42	32.00	17.32	28.54	19.45	32.05	17.04	28.08	17.54	28.90
200 à 225			19.63	32.35	18.96	31.25	20.59	33.93	19.03	31.36		
225 à 250					20.45	33.70	22.72	37.44				
II. TERRE HUMIDE.												
0 à 15	0.33	0.55	3.36	5.54	1.73	2.85	6.26	10.32	2.92	4.81	6.51	10.73
15 à 25	2.06	3.41	3.84	6.33	3.40	5.60	7.79	12.84	3.82	6.29	6.02	9.92
25 à 50	6.25	10.31	6.09	10.03	6.56	10.81	9.02	14.86	6.51	10.73	6.69	11.02
50 à 75	9.67	15.94	9.30	15.33	8.95	14.75	9.18	15.13	8.82	14.54	9.32	15.36
75 à 100	10.04	16.54	10.30	16.97	9.26	15.26	9.43	15.54	9.14	15.06	9.95	16.40
100 à 125			11.10	18.29	12.51	20.61	11.49	18.93	10.47	17.27	9.95	16.40
125 à 150			13.40	22.08	12.37	20.38	12.80	21.09	11.82	19.48	10.45	17.22
150 à 175			13.32	21.95	12.28	20.24	13.36	22.02	11.61	19.13	11.00	18.13
175 à 200			14.24	23.47	12.71	20.95	13.89	22.89	12.60	20.76	12.03	19.82

COUCHE de TERRE.	1 — 12 déc. 1906.		2 — 6 juin 1907.		3 — 26 juillet 1907.		4 — 9 sept. 1907.		5 — 14 mai 1908.		6 — 8 octobre 1908.	
centimètres.	Cl. p.1000	NaCl. p.1000	Cl. p.1000	NaCl. p.1000	Cl. p.1000	NaCl. p.1000	Cl. p.1000	NaCl. p.1000	Cl. p.1000	NaCl. p.1000	Cl. p.1000	NaCl. p.1000

II. TERRE HUMIDE. (Suite.)

COUCHE de TERRE.	Cl. 1	NaCl. 1	Cl. 2	NaCl. 2	Cl. 3	NaCl. 3	Cl. 4	NaCl. 4	Cl. 5	NaCl. 5	Cl. 6	NaCl. 6
200 à 225			13.83	22.79	13.46	22.18	14.07	23.19	13.28	21.88		
225 à 250					14.27	23.52	15.04	24.78				
250 à 275												

III. SOLUTION AQUEUSE DE TERRE (EN GRAMMES).

COUCHE de TERRE.	Cl. 1	NaCl. 1	Cl. 2	NaCl. 2	Cl. 3	NaCl. 3	Cl. 4	NaCl. 4	Cl. 5	NaCl. 5	Cl. 6	NaCl. 6
0 à 15	1.50	2.47	24.53	40.42	27.46	45.25	56.90	83.77	18.02	29.70	35.96	59.26
15 à 25	8.69	14.32	25.10	41.36	35.41	58.35	63.85	105.22	19.41	31,99	32.71	53.90
25 à 50	28.80	47.46	31.68	52.21	47.54	78.34	61.36	101.12	32.22	53.09	35.62	58.70
50 à 75	45.19	74.47	45.14	74.39	48.64	80.16	52.01	85.71	43.44	71.59	47.92	78.97
75 à 100	49.83	82.11	52.60	86.68	47.60	78.44	47.15	77.70	44.58	73.47	47.83	78.82
100 à 125			49.22	81.16	58.74	96.80	48.55	80.01	44.36	73.10	46.75	77.04
125 à 150			57.14	94.17	51.75	85.28	50.19	82.71	46.72	76.99	44.85	73.91
150 à 175			50.72	83.59	49.51	81.59	50.41	83.07	45.87	75.59	39.85	65.67
175 à 200			53.39	87,98	47.77	78.72	48.61	80.11	48.31	79.61	38.31	63.13
200 à 225			46.82	77.16	46.41	76.48	44.45	73.25	43.97	72.46		
225 à 250					47.25	77.86	44.54	73.40				

EAUX.

DENSITÉ ET RÉSIDU SOLIDE.

PROFONDEUR À LAQUELLE L'EAU a été prélevée.	ÉCHANTILLONNAGES.											
	1 12 déc. 1906.		2 6 juin 1907.		3 26 juillet 1907.		4 9 sept. 1907.		5 14 mai 1908.		6 8 octobre 1908.	
	Densité.	Résidu solide par litre.	Densité.	Résidu solide par litre.	Densité.	Résidu solide par litre.	Densité.	Résidu solide par litre.	Densité.	Résidu solide par litre.	Densité.	Résidu solide par litre.
centimètres.		gram.		gram.		gram.		gram.		gram.		gram.
75 à 100......	1078.9	111.20							1069.8	98.30		
100 à 125.....			1065.5	92.24	1063.5	89.40	1064.9	91.48				
100 à 225.....									1068.4	96.40		
100 à 250.....							1066.3	93.46				
175 à 200.....											1064.5	85.16

QUANTITÉ DE CHLORE ET DE CHLORURE DE SODIUM.

PROFONDEUR À LAQUELLE L'EAU a été prélevée.	ÉCHANTILLONNAGES.											
	1 12 déc. 1906.		2 6 juin 1907.		3 26 juillet 1907.		4 9 sept. 1907.		5 14 mai 1908.		6 8 octobre 1908.	
	Cl.	NaCl.	Cl.	NaCl.	Cl.	NaCl.	Cl.	NaCl.	Cl.	NaCl.	Cl.	NaCl.
centimètres.	p. 1000	p. 1000	p. 1000	p. 1000	p. 1000	p. 1000	p. 1000	p. 1000	p. 1000	p. 1000	p. 1000	p. 1000
I. EN VOLUME.												
75 à 100......	51.19	84.36							52.08	85.83		
100 à 125.....			52.97	87.29	52.26	86.12	51.55	84.95				
100 à 225.....									52.08	85.83		
100 à 250.....							51.12	84.24				
175 à 200 (1)....											44.87	73.94

(1) Cet échantillon n'a pu être prélevé en même temps que les échantillons de terre correspondants, le prélèvement n'a été possible que le lendemain.

PROFONDEUR À LAQUELLE L'EAU a été prélevée.	ÉCHANTILLONNAGES.										
	1 11 déc. 1906.		2 6 juin 1907.		3 26 juillet 1907.		4 9 sept. 1907.		5 14 mai 1908.		6 8 octobre 1908.	
	Cl.	NaCl.	Cl.	NaCl.	Cl.	NaCl.	Cl.	NaCl.	Cl.	NaCl.	Cl.	NaCl.
centimètres.	p. 1000	p. 1000	p. 1000	p. 1000	p. 1000	p. 1000	p. 1000	p. 1000	p. 1000	p. 1000	p. 1000	p. 1000

H. En poids.

PROFONDEUR	Cl. 1	NaCl. 1	Cl. 2	NaCl. 2	Cl. 3	NaCl. 3	Cl. 4	NaCl. 4	Cl. 5	NaCl. 5	Cl. 6	NaCl. 6
75 à 100	47.35	78.03							48.68	80.22		
100 à 125			49.71	81.92	49.13	80.96	48.41	79.78				
100 à 225									48.74	80.32		
100 à 250							48.34	79.66				
175 à 200 (1) . . .											42.15	69.46

(1) Échantillon prélevé le lendemain de l'échantillonnage correspondant des terres.

N° 2. LE CABANON.

TERRES.

HUMIDITÉ.

COUCHE de TERRE.	ÉCHANTILLONNAGES.						OBSERVATIONS.
	1 17 déc. 1906.	2 7 juin 1907.	3 26 juillet 1907.	4 9 sept. 1907.	5 14 mai 1908.	6 8 octobre 1908.	
centimètres.	p. 100.	p. 100.	p. 100.	p. 100.	p. 100.	p. 100.	
0 à 15.....	21.00	9.90	4.20	7.72	14.46	9.50	
15 à 25.....	19.70	10.17	6.00	8.86	14.66	11.60	
25 à 50.....	19.25	15.30	12.00	11.24	18.22	12.52	
50 à 75.....	18.85	18.96	16.85	17.14	21.45	17.70	
75 à 100.....	21.25	19.95	19.70	19.67	21.75	21.70	
100 à 125.....	25.35	23.75	20.70	23.08	23.85	20.50	
125 à 150.....	//	//	22.00	23.63	25.50	21.25	
150 à 175.....	//	//	//	22.85	22.60	21.28	
175 à 200.....	//	//	//	24.25	22.27	27.27	
200 à 225.....	//	//	//	//	24.75	//	
225 à 250.....	//	//	//	//	//	//	

QUANTITÉ DE CHLORE ET DE CHLORURE DE SODIUM.

COUCHE de TERRE.	ÉCHANTILLONNAGES.											
	1 12 déc. 1906.		2 6 juin 1907.		3 21 juillet 1907.		4 4 sept. 1907.		5 14 mai 1908.		6 8 octobre 1908.	
	Cl.	NaCl.	Cl.	NaCl.	Cl.	NaCl.	Cl.	NaCl.	Cl.	NaCl.	Cl.	NaCl.
centimètres.	p. 1000	p. 1000	p. 1000	p. 1000	p. 1000	p. 1000	p. 1000	p. 1000	p. 1000	p. 1000	p. 1000	p. 1000
I. TERRE SÈCHE.												
0 à 15........	0.23	0.38	0.27	0.44	0.32	0.53	0.43	0.71	0.50	0.82	1.35	2.22
15 à 25.......	0.23	0.38	0.85	1.40	0.53	0.87	1.63	2.68	0.85	1.40	1.42	2.34
25 à 50.......	3.00	4.94	3.05	5.02	4.05	6.67	4.65	7.66	1.85	3.04	4.44	7.32
50 à 75.......	8.77	14.45	8.27	13.63	7.74	12.75	10.51	17.32	8.02	13.22	10.19	16.79

COUCHE de TERRE.	ÉCHANTILLONNAGES.											
	1 — 12 déc. 1906.		2 — 6 juin 1907.		3 — 26 juillet 1907.		4 — 4 sept. 1907.		5 — 14 mai 1908.		6 — 8 octobre 1908.	
	Cl.	NaCl.	Cl.	NaCl.	Cl.	NaCl.	Cl.	NaCl.	Cl.	NaCl.	Cl.	NaCl.
centimètres.	p. 1000	p. 1000	p. 1000	p. 1000	p. 1000	p. 1000	p. 1000	p. 1000	p. 1000	p. 1000	p. 1000	p. 1000
I. Terre sèche. (Suite.)												
75 à 100	12.48	20.57	11.96	19.71	10.44	17.20	11.64	19.18	11.50	18.95	11.75	19.36
100 à 125	14.78	24.36	14.77	24.34	12.35	20.35	14.13	23.28	14.34	23.63	14.59	24.04
125 à 150					13.49	22.23	16.25	25.13	16.61	27.37	12.92	21.29
150 à 175							15.26	25.14	13.70	22.57	12.92	21.29
175 à 200							15.83	26.08	13.49	22.23	16.51	27.21
200 à 225									15.12	24.92		
II. Terre humide.												
0 à 15	0.18	0.30	0.24	0.39	0.30	0.49	0.39	0.64	0.43	0.71	1.22	2.01
15 à 25	0.18	0.30	0.76	1.25	0.50	0.82	1.48	3.09	0.73	1.20	1.25	2.06
25 à 50	2.42	3.99	2.58	4.25	3.56	5.87	4.13	6.80	1.51	2.49	3.88	6.39
50 à 75	7.12	11.73	6.70	11.04	6.43	10.59	8.71	14.35	6.30	10.38	8.39	13.82
75 à 100	9.83	16.20	9.57	15.77	8.38	13.81	9.35	15.41	9.00	14.83	9.20	15.16
100 à 125	11.03	18.18	11.26	18.55	9.79	16.13	10.87	17.91	10.92	17.99	11.60	19.12
125 à 150					10.52	17.34	12.41	20.45	12.37	20.38	10.17	16.76
150 à 175							11.77	19.39	10.60	17.47	10.17	16.76
175 à 200							11.99	19.76	10.48	17.27	12.00	19.77

COUCHE de TERRE.	ÉCHANTILLONNAGES.										
	1 12 déc. 1906.		2 6 juin 1907.		3 26 juillet 1907.		4 4 sept. 1907.		5 14 mai 1908.		6 8 octobre 1908.	
	Cl.	NaCl.	Cl.	NaCl.	Cl.	NaCl.	Cl.	NaCl.	Cl.	NaCl.	Cl.	NaCl.
centimètres.	p. 1000	p. 1000	p. 1000	p. 1000	p. 1000	p. 1000	p. 1000	p. 1000	p. 1000	p. 1000	p. 1000	p. 1000
II. TERRE HUMIDE. (Suite.)												
200 à 225									11.38	18.75		
225 à 250												
250 à 275												
III. SOLUTION AQUEUSE DE TERRE (EN GRAMMES).												
0 à 15	0.85	1.40	2.42	3.99	7.14	11.77	5.05	8.32	2.97	4.89	12.84	
15 à 25	0.91	1.50	7.47	12.31	8.33	13.73	16.70	27.52	4.98	8.21	10.77	
25 à 50	12.57	20.71	16.86	27.78	29.66	48.88	36.74	60.55	8.28	13.64	30.98	
50 à 75	37.77	62.24	35.33	58.22	38.17	62.90	50.81	83.73	29.37	48.40	47.40	
75 à 100	46.25	76.22	47.97	79.05	42.54	70.10	47.53	78.33	41.38	68.19	42.39	
100 à 125	43.51	71.70	47.41	78.13	47.29	77.93	47.09	77.60	45.78	75.44	56.58	
125 à 150					47.81	78.79	52.51	86.54	48.51	79.94	47.85	
150 à 175							51.51	84.89	46.80	77.12	47.79	
175 à 200							49.44	81.48	47.05	77.54	44.04	
200 à 225									45.98	75.77		
225 à 250												

EAUX.

DENSITÉ ET RÉSIDU SOLIDE.

PROFONDEUR à laquelle l'eau a été prélevée.	ÉCHANTILLONNAGES.											
	1 17 déc. 1906.		2 5 juin 1907		3 26 juillet 1907.		4 9 sept. 1907.		5 14 mai 1908.		6 8 octobre 1908.	
	Densité.	Résidu solide par litre.	Densité.	Résidu solide par litre.	Densité.	Résidu solide par litre.	Densité.	Résidu solide par litre.	Densité.	Résidu solide par litre.	Densité.	Résidu solide par litre.
centimètres.		gram.		gram.		gram.		gram.		gram.		gram.
120 à 125	1074.0	104.20	1065.8	92.70					1066.8	94.16		
125 à 150					1068.8	96.96	1066.8	94.16				
175 à 200											1070.1	98.80

QUANTITÉ DE CHLORE ET DE CHLORURE DE SODIUM.

PROFONDEUR à laquelle l'eau a été prélevée.	ÉCHANTILLONNAGES.											
	1 17 déc. 1906.		2 6 juin 1907.		3 26 juillet 1907.		4 9 sept. 1907.		5 14 mai 1908.		6 8 octobre 1908.	
	Cl.	NaCl.	Cl.	NaCl.	Cl.	NaCl.	Cl.	NaCl.	Cl.	NaCl.	Cl.	NaCl.
centimètres.	p.1000	p.1000	p.1000	p.1000	p.1000	p.1000	p.1000	p.1000	p.1000	p.1000	p.1000	p.1000
I. En volume.												
100 à 125	49.91	82.25	50.27	82.84					50.37	83.00		
125 à 150					51.69	85.18	51.76	85.30				
175 à 200											52.40	86.35
II. En poids.												
100 à 125	46.47	76.58	47.16	77.72					47.21	77.80		
125 à 150					48.36	79.69	47.91	78.96				
175 à 200											48.96	80.69

N° 3. DANS L'ÉTANG VIS-À-VIS DU N° 1.

EAUX.

DENSITÉ ET RÉSIDU SOLIDE.

PROFONDEUR À LAQUELLE L'EAU a été prélevée.	1 17 décembre 1906.		2 6 juin 1907	
	Densité.	Résidu solide par litre.	Densité.	Résidu solide par litre.
centimètres.		grammes.		grammes.
0 à 25			1068.7	96.82
15 à 50	1109.8	139.40		

QUANTITÉ DE CHLORE ET CHLORURE DE SODIUM.

PROFONDEUR À LAQUELLE L'EAU a été prélevée.	1 17 décembre 1906.		2 6 juin 1907.	
	Cl.	NaCl.	Cl.	NaCl.
centimètres.	p. 1000.	p. 1000.	p. 1000.	p. 1000.
I. En volume.				
15 à 50	67.66	111.57		
II. En poids.				
0 à 25			47.96	79.04
15 à 50	60.96	100.46		

INTÉRIEUR DE L'ÉTANG.

TERRES.

HUMIDITÉ.

COUCHE de TERRE.	ÉCHANTILLONNAGES.						OBSERVATIONS.
	1 17 déc. 1906.						
centimètres.	p. 100.						
0 à 15.......	39.00						N° 3.
15 à 25.......	28.55						Échantillons de terre prélevés dans l'étang au sud du N° 1.
25 à 50.......	31.65						
0 à 5.......	36.05						N° 4. Boue de l'étang prélevée au sud du N° 2.

QUANTITÉ DE CHLORE ET DE CHLORURE DE SODIUM.

COUCHE de TERRE.	ÉCHANTILLONNAGE du 17 décembre 1906.		OBSERVATIONS.
	Cl.	Nacl.	
centimètres.	p. 1000.	p. 1000.	
	I. TERRE SÈCHE.		
0 à 15.......	30.60	50.43	Échantillons de terre prélevés dans l'étang au sud du N° 1.
15 à 25.......	25.99	42.83	
25 à 50.......	29.60	48.78	
0 à 5........	20.77	34.23	Échantillon de boue de l'étang prélevé au sud du N° 2.

COUCHE de TERRE.	ÉCHANTILLONNAGE du 17 décembre 1906.		OBSERVATIONS.
	Cl.	Nacl.	
centimètres.	p. 1000.	p. 1000.	

II. Terre humide.

0 à 15.......	18.67	30.76	Échantillons de terre prélevés dans l'étang au sud du N° 1.
15 à 25.......	18.57	30.60	
25 à 50......	20.23	33.34	
0 à 5........	13.28	21.89	Échantillons de boue de l'étang prélevés au sud du N° 2.

III. Solution aqueuse de terre (en grammes).

0 à 15.......	47.87	78.89	Échantillons de terre prélevés dans l'étang au sud du N° 1.
15 à 25.......	65.04	107.18	
25 à 50.......	63.91	105.32	
0 à 5........	36.83	60.70	Échantillon de boue de l'étang prélevé au sud du N° 2.

EAUX.

DENSITÉ ET RÉSIDU SOLIDE.

LIEU du PRÉLÈVEMENT des ÉCHANTILLONS.	ÉCHANTILLONNAGES.											
	1 17 déc. 1906.		2 6 juin 1907.		3 26 juillet 1907.		4 9 sept. 1907.		5 14 mai 1908.		6 8 octobre 1908.	
	Densité.	Résidu solide par litre.	Densité.	Résidu solide par litre.	Densité.	Résidu solide par litre.	Densité.	Résidu solide par litre.	Densité.	Résidu solide par litre.	Densité.	Résidu solide par litre.
		gram.		gram.		gram.		gram.		gram.		gram.
Au sud du N° 1. Pont-de-Rieucoulon.	1046.4	65.40							1023.6	33.26		

LIEU du PRÉLÈVEMENT des ÉCHANTILLONS.	ÉCHANTILLONNAGES.											
	1 17 déc. 1906.		2 6 juin 1907.		3 26 juillet 1907.		4 9 sept. 1907.		5 14 mai 1908.		6 8 octobre 1908.	
	Densité.	Résidu solide par litre.	Densité.	Résidu solide par litre.	Densité.	Résidu solide par litre.	Densité.	Résidu solide par litre.	Densité.	Résidu solide par litre.	Densité.	Résidu solide par litre.
		gram.		gram.		gram.		gram.		gram.		gram.
Au sud du N° 2. Le Cabanon.	1034.8	49.00	1036.2	50,94					1024.1	33 96		
Au 1er ponceau de la chaussée allant de Villeneuve à Maguelonne.					1049.7	69.68	1061.9	87.20	1026.0	36.6$_2$	1048.2	67.84

QUANTITÉ DE CHLORE ET DE CHLORURE DE SODIUM.

LIEU de PRÉLÈVEMENT.	ÉCHANTILLONNAGES.											
	1 17 déc. 1906.		2 6 juin 1907.		3 26 juillet 1907.		4 9 sept. 1907.		5 14 mai 1908.		6 8 octobre 1908.	
	Cl.	NaCl.	Cl.	NaCl.	Cl.	NaCl.	Cl.	NaCl.	Cl.	NaCl.	Cl.	NaCl.
	p. 1000	p. 1000	p. 1000	p. 1000	p. 1000	p. 1000	p. 1000	p. 1000	p. 1000	p. 1000	p. 1000	p. 1000
I. En volume.												
Au sud du N° 1. Pont-de-Rieucoulon.	31.98	52.70							16.75	27.60		
Au sud du N° 2. Le Cabanon.	22.84	37.64	27.30	44.99					17.47	28.79		
1er ponceau de la chaussée allant de Villeneuve à Maguelonne.					37.63	62.01	44.66	73.60	18.32	30.19	32.5$_2$	53.59
II. En poids.												
Au sud du N° 1. Pont-de-Rieucoulon.	30.56	50.36							16.36	27.00		
Au sud du N° 2. Le Cabanon.	22.07	36.37	26.35	43.42					17.05	28.10		
1er ponceau de la chaussée allant de Villeneuve à Maguelonne.					35.85	59.08	42.05	69.30	17.85	29.42	31.02	51.12

N° 2. MILIEU DE LA PIÈCE DITE «LA LONGUE».
(Domaine de Pradelaine [Mas de Bedos], près Lattes.)

TERRES.

HUMIDITÉ,

COUCHE de TERRE.	ÉCHANTILLONNAGES.						OBSERVATIONS.
	1 11 déc. 1906.	2 7 juin 1907.	3 31 juillet 1907.	4 11 sept. 1907.	5 15 mai 1908.	6 9 octobre 1908.	
centimètres.	p. 100.	p. 100.	p. 100.	p. 100.	p. 100.	p. 100.	
0 à 15.....	16.30	15.63	16.70	14.48	16.95	16.43	
15 à 25.....	19.50	16.71	17.60	16.15	18.49	17.19	
25 à 50.....	20.35	17.40	19.00	18.63	20.00	18.62	
50 à 75.....	22.45	18.17	22.40	21.24	22.08	21.83	
75 à 100.....	21.60	21.53	21.60	21.50	23.03	22.37	
100 à 125.....	22.43	21.81	22.40	22.80	24.35	22.40	
125 à 150.....	//	24.05	26.25	25.75	26.23	23.22	
150 à 175.....	//	25.02	25.00	27.83	26.53	27.55	
175 à 200.....	//	29.85	26.90	26.05	27.78	28.75	
200 à 225.....	//	25.35	23.90	//	29.23	//	
225 à 250.....	//	26.42	25.30	//	//	//	
250 à 275.....	//	//	21.40	//	//	//	

QUANTITÉ DE CHLORE ET DE CHLORURE DE SODIUM.

COUCHE de TERRE.	ÉCHANTILLONNAGES.											
	1 11 déc. 1906.		2 7 juin 1907.		3 31 juillet 1907.		4 11 sept. 1907.		5 15 mai 1908.		6 8 octobre 1908.	
	Cl.	NaCl.	Cl.	NaCl.	Cl.	NaCl.	Cl.	NaCl.	Cl.	NaCl.	Cl.	NaCl.
centimètres.	p. 1000	p. 1000	p. 1000	p. 1000	p. 1000	p. 1000	p. 1000	p. 1000	p. 1000	p. 1000	p. 1000	p. 1000
I. Terre sèche.												
0 à 15......	0.07	0.11	0.25	0.41	0.11	0.18	1.70	2.80	0.14	0.23	0.44	0.72
15 à 25......	0.09	0.15	0.12	0.19	0.28	0.46	0.16	0.26	0.15	0.24	0.55	0.90
25 à 50......	0.11	0.18	0.16	0.26	0.26	0.43	0,16	0.26	0.15	0.24	0.67	1.10
50 à 75......	0.19	0.31	0.14	0.23	0.37	0.61	0.30	0.49	0.23	0.38	0.82	1.35

COUCHE de TERRE.	ÉCHANTILLONNAGES.											
	1 11 déc. 1906.		2 7 juin 1907.		3 31 juillet 1907.		4 11 sept. 1907.		5 15 mai 1908.		6 8 octobre 1908.	
	Cl.	NaCl.	Cl.	NaCl.	Cl.	NaCl.	Cl.	NaCl.	Cl.	NaCl.	Cl.	NaCl.
centimètres.	p. 1000	p. 1000	p. 1000	p. 1000	p. 1000	p. 1000	p. 1000	p. 1000	p. 1000	p. 1000	p. 1000	p. 1000
I. Terre sèche. (Suite.)												
75 à 100	0.33	0.54	0.21	0.34	0.51	0.84	0.41	0.67	0.46	0.75	0.80	1.32
100 à 125	0.76	1.25	0.28	0.46	0.83	1.36	0.73	1.20	0.74	1.22	0.75	1.23
125 à 150			1.03	1.69	1.21	1.99	1.36	2.24	1.01	1.66	0.55	0.90
150 à 175			1.24	2.04	1.38	2.27	1.58	2.60	1.21	1.99	1.01	1.66
175 à 200			1.68	2.77	1.49	2.45	1.60	2.64	1.45	2.39	1.24	2.04
200 à 225			1.74	2.87	1.61	2.65			1.81	2.98		
225 à 250			2.08	3.43	1.72	2.83						
250 à 275					1.58	2.60						
II. Terre humide.												
0 à 15	0.06	0.09	0.21	0.35	0.09	0.15	1.45	2.39	0.12	0.20	0.37	0.61
15 à 25	0.07	0.12	0.10	0.16	0.23	0.38	0.13	0.21	0.12	0.20	0.45	0.74
25 à 50	0.09	0.14	0.13	0.21	0.21	0.35	0.13	0.21	0.12	0.20	0.54	0.89
50 à 75	0.15	0.24	0.11	0.18	0.29	0.48	0.24	0.39	0.18	0.30	0.64	1.05
75 à 100	0.26	0.42	0.16	0.26	0.40	0.66	0.32	0.53	0.35	0.58	0.62	1.02
100 à 125	0.59	0.97	0.22	0.36	0.64	1.05	0.56	0.92	0.56	0.92	0.58	0.95
125 à 150			0.78	1.28	0.89	1.47	1.01	1.66	0.74	1.22	0.42	0.69
150 à 175			0.93	1.53	1.03	1.70	1.14	1.88	0.89	1.47	0.73	1.20

COUCHE de TERRE.	1 11 déc. 1906.		2 7 juin 1907.		3 31 juillet 1907.		4 11 sept. 1907.		5 15 mai 1908.		6 8 octobre 1908.	
	Cl.	NaCl.	Cl.	NaCl.	Cl.	NaCl.	Cl.	NaCl.	Cl.	NaCl.	Cl.	NaCl.
centimètres.	p. 1000	p. 1000	p. 1000	p. 1000	p. 1000	p. 1000	p. 1000	p. 1000	p. 1000	p. 1000	p. 1000	p. 1000
II. Terre humide. (Suite.)												
175 à 200.....			1.18	1.94	1.09	1.80	1.18	1.94	1.05	1.73	0.88	1.45
200 à 225.....			1.30	2.14	1.22	2.01			1.28	2.11		
225 à 250.....			1.53	2.52	1.28	2.11						
250 à 275.....					1.24	2.04						
III. Solution aqueuse de terre (en grammes).												
0 à 15.....	0.37	0.61	1.34	2.20	0.54	0.89	1.00	1.65	0.70	1.15	2.24	3.69
15 à 25.....	0.36	0.59	0.59	0.97	1.31	2.16	0.80	1.32	0.64	1.05	2.62	4.32
25 à 50.....	0.44	0.72	0.75	1.24	1.10	1.81	0.69	1.14	0.60	0.99	2.90	4.78
50 à 75.....	0.66	1.08	0.61	1.00	1.29	2.12	1.13	1.86	0.81	1.33	2.93	4.83
75 à 100.....	1.20	1.98	0.74	1.22	1.85	3.05	1.48	2.44	1.52	2.50	2.77	4.56
100 à 125.....	2.63	4.33	1.00	1.65	2.85	4.70	2.45	4.04	2.30	3.79	2.14	3.53
125 à 150			3.23	5.32	3.39	5.59	3.92	6.46	2.82	4.65	1.80	2.97
150 à 175.....			3.72	6.13	4.12	6.79	4.09	6.74	3.35	5.52	2.65	4.37
175 à 200.....			3.95	6.51	4.05	6.67	4.52	7.45	3.78	6.23	3.06	5.04
200 à 225.....			5.12	8.44	5.10	8.40			4.38	7.22		
225 à 250.....			5.79	9.54	5.06	8.34						
250 à 275.....					5.79	9.54						

EAUX.

DENSITÉ ET RÉSIDU SOLIDE.

PROFONDEUR À LAQUELLE L'EAU a été prélevée.	ÉCHANTILLONNAGES.											
	1 — 11 déc. 1906.		2 — 7 juin 1907.		3 — 31 juillet 1907.		4 — 11 sept. 1907.		5 — 15 mai 1908.		6 — 8 octobre 1908.	
	Densité.	Résidu solide par litre.	Densité.	Résidu solide par litre.	Densité.	Résidu solide par litre.	Densité.	Résidu solide par litre.	Densité.	Résidu solide par litre.	Densité.	Résidu solide par litre.
centimètres.		gram.		gram.		gram.		gram.		gram.		gram.
100 à 125.....	1009.1	12.80	1008.1	11.43			1008.0	11.23				
125 à 150.....					1007.4	10.37						
125 à 175.....							1007.9	11.16				
175 à 200.....											1005.6	7.91
100 à 225.....									1006.4	9.06		

QUANTITÉ DE CHLORE ET DE CHLORURE DE SODIUM.

COUCHE de TERRE.	ÉCHANTILLONNAGES.											
	1 — 11 déc. 1906.		2 — 7 juin 1907.		3 — 31 juillet 1907.		4 — 11 sept. 1907.		5 — 15 mai 1908.		6 — 8 octobre 1908.	
	Cl.	NaCl.	Cl.	NaCl.	Cl.	NaCl.	Cl.	NaCl.	Cl.	NaCl.	Cl.	NaCl.
centimètres.	p. 1000	p. 1000	p. 1000	p. 1000	p. 1000	p. 1000	p. 1000	p. 1000	p. 1000	p. 1000	p. 1000	p. 1000
I. EN VOLUME.												
100 à 125.....	4.91	8.09	4.59	7.56			4.54	7.48				
125 à 150.....					4.04	6.65						
125 à 175.....							4.54	7.48				
175 à 200.....											3.15	5.19
100 à 225.....									4.00	6.59		

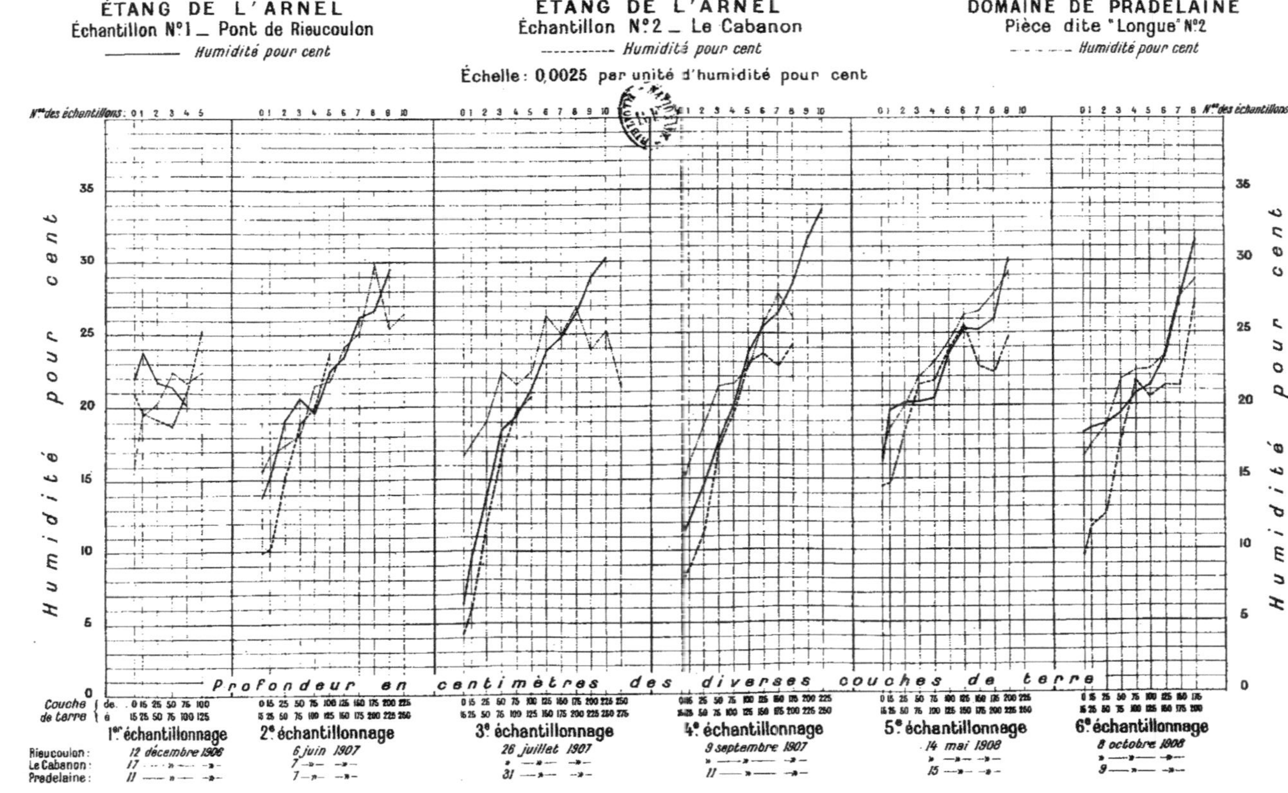
ÉTANG DE L'ARNEL
Échantillon N°1 _ Pont de Rieucoulon
Humidité pour cent
ÉTANG DE L'ARNEL
Échantillon N°2 _ Le Cabanon
Humidité pour cent
DOMAINE DE PRADELAINE
Pièce dite "Longue" N°2
Humidité pour cent
Échelle : 0,0025 par unité d'humidité pour cent
N°ˢ des échantillons
Humidité pour cent
Profondeur en centimètres des diverses couches de terre
Couche de terre de.. à
1er échantillonnage
2e échantillonnage
3e échantillonnage
4e échantillonnage
5e échantillonnage
6e échantillonnage
Rieucoulon :
Le Cabanon :
Pradelaine :
12 décembre 1906
6 juin 1907
26 juillet 1907
9 septembre 1907
14 mai 1908
8 octobre 1908
MINISTÈRE DE L'AGRICULTURE

COUCHE de TERRE.	ÉCHANTILLONNAGES.											
	1 11 déc. 1906.		2 7 juin 1907.		3 31 juillet 1907.		4 11 sept. 1907.		5 15 mai 1908.		6 8 octobre 1908.	
	Cl.	NaCl.	Cl.	NaCl.	Cl.	NaCl.	Cl.	NaCl.	Cl.	NaCl.	Cl.	NaCl.
centimètres.	p. 1000	p. 1000	p. 1000	p. 1000	p. 1000	p. 1000	p. 1000	p. 1000	p. 1000	p. 1000	p. 1000	p. 1000
II. En poids.												
100 à 125.....	4.86	8.01	4.55	7.50			4.50	7.42				
125 à 150.....					4.01	6.61						
125 à 175.....							4.50	7.42				
175 à 200.....											3.13	5.16
100 à 225.....									3.97	6.54		

VARIATIONS DE L'HUMIDITÉ AVEC LA PROFONDEUR, À UN MÊME MOMENT.

C'est seulement par la représentation graphique de tous ces nombres que l'on peut en avoir une perception simultanée et rechercher les lois qui les régissent.

Dans une première série de graphiques (planche IX), nous avons réuni, pour les trois points échantillonnés, Rieucoulon, Le Cabanon, Pradelaine, les teneurs en eau des échantillons prélevés à un même moment à différentes profondeurs. Les couches échantillonnées vont depuis la surface jusqu'à parfois 2 m. 75 et chacune correspond à une épaisseur de 0 m. 25.

L'examen des graphiques suggère les conclusions suivantes :

Limites des variations. — Les humidités dosées sont comprises entre 5 et 30 p. 100 de terre. Ce sont des limites entre lesquelles se répartissent tous les états pouvant agir sur le végétal : au voisinage de 5 p. 100, la terre ne cède pas d'eau à la plante ; au voisinage de 30 p. 100, la terre est noyée ; l'aération des racines ne peut plus se produire. Mais il est clair que ces perturbations n'ont d'effet sur les végétaux que si elles se présentent dans la couche comprise entre 0 mètre et 0 m. 50. Nous reviendrons à ce point de vue quand nous étudierons les variations d'humidité avec le temps à une même profondeur. Pour le moment, nous constatons seulement que, dans l'ensemble des dosages, nous avons trouvé des terres excessivement sèches et des terres noyées.

Remarquons maintenant que la limite extrême de sécheresse (5 p. 100) n'a été rencontrée que dans les pièces incultes, Rieucoulon et Le Cabanon. Dans Pradelaine, terre cultivée, nous avons trouvé, à une certaine profondeur, une nappe d'eau noyant la terre ; mais nous n'avons jamais observé une sécheresse correspondant à une dose d'eau sensiblement inférieure à 15 p. 100.

Ces diverses observations nous montrent que l'absence de végétation normale sur les bords de l'Arnel n'est pas seulement imputable à un excès de sel, mais aussi à un *régime de sécheresse excessive à certaines époques*. Si, par l'élimination du sel, ces terres constituaient un milieu non toxique pour les végétaux cultivés, il resterait encore à les garantir contre la sécheresse. On sait qu'on y parvient par l'émiettement du sol, les façons aratoires superficielles répétées. On y parvient plus sûrement encore par les arrosages d'été, et le voisinage du Lez permet ici de compter sur ce moyen particulièrement efficace. Notons seulement que l'arrosage de dessalement devra être complété par l'arrosage d'humectation.

Allure des variations. — D'une manière à peu près générale, la teneur en eau augmente avec la profondeur ; mais cette allure n'est pas toujours observée à toute saison.

Dans Rieucoulon, échantillonnage du 12 décembre 1906, nous avons trouvé à partir de o m. 25 des taux d'humidité décroissants jusqu'à 1 mètre de profondeur.

Dans Le Cabanon, échantillonnage du 17 décembre 1906, nous avons trouvé des taux d'humidité décroissants depuis la surface jusqu'à 1 mètre ; de 1 mètre à 1 m. 25 l'humidité allait au contraire en croissant. Les échantillonnages du 9 septembre 1907, du 14 mai 1908 et du 8 octobre 1908 nous ont montré, dans les variations d'humidité, une allure assez capricieuse : il n'y avait pas accroissement régulier de l'eau avec la profondeur.

Dans Pradelaine, les échantillonnages du 7 juin 1907 et du 31 juillet de la même année nous ont montré, vers 1 m. 75, un maximum d'humidité : la couche inférieure et la couche supérieure étant moins humides.

L'enseignement que l'on peut tirer de tous ces résultats, c'est que la répartition de l'eau dans les interstices des sols étudiés éprouve des variations saisonnières.

Il en ressort une autre conclusion, particulièrement importante au point de vue qui nous occupe : c'est que l'eau de la mer voisine, dont le niveau est constant, ne commande pas l'humectation des terres situées tout au bord de l'étang. Le niveau de l'eau dans l'étang doit, par contre, influencer cette humectation de nos sols ; et il est vraisemblable que les variations de ce niveau retentissent sur le régime des eaux du sol. Pour dégager avec précision cette relation, il conviendrait de faire des observations dans des trous allant jusqu'à l'eau et observés périodiquement.

Variations de l'humidité à une même profondeur avec la saison. — On peut représenter par des graphiques (pl. X) les taux d'humidité d'une même tranche de terre aux différentes époques d'échantillonnage. Nos prélèvements, répartis entre le 11 décembre 1906 et le 8 octobre 1908, comprennent les effets de deux étés et d'un hiver.

Il est prévu que les diminutions d'humidité se rencontreront au cours de l'été. Mais nos dosages d'humidité avaient précisément pour but de mesurer ces variations.

Dans les terres incultes, Rieucoulon et Le Cabanon, on voit que ces variations ont été considérables jusqu'à o m. 75 de profondeur : au-dessous elles s'atténuent. Elles deviennent négligeables, non seulement parce qu'elles ont moins d'amplitude, mais parce qu'elles portent sur des teneurs très élevées en eau, ce qui ne fait guère varier les conditions de la végétation.

Nous constatons à nouveau que l'évaporation à la surface du sol ne retentit pas au-dessous de o m. 75. Au-dessous, s'il y a des variations elles sont vraisemblablement dues aux variations de niveau de l'eau de l'étang ou de l'eau de la Mosson.

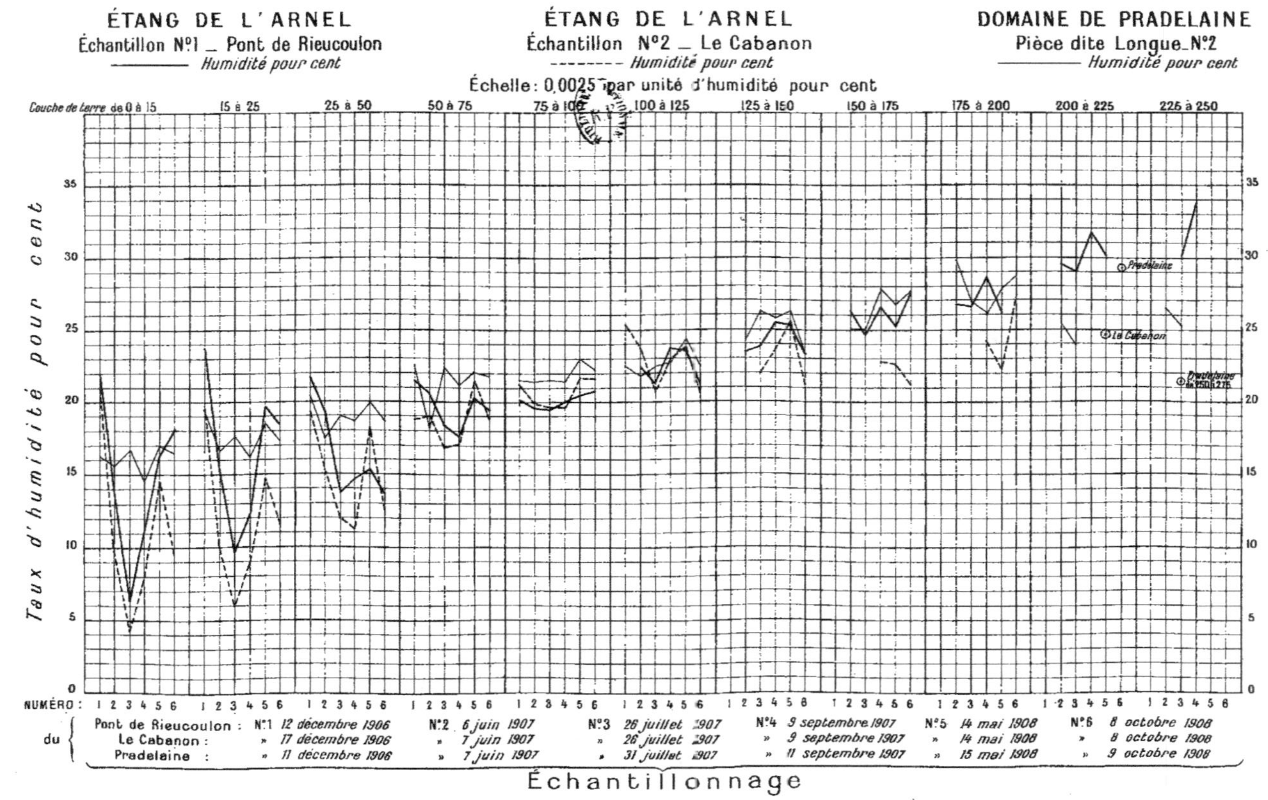

ÉTANG DE L'ARNEL
Échantillon N.º 1 — Pont de Rieucoulon
Humidité pour cent
ÉTANG DE L'ARNEL
Échantillon N.º 2 — Le Cabanon
Humidité pour cent
DOMAINE DE PRADELAINE
Pièce dite Longue — N.º 2
Humidité pour cent
Échelle : 0,0025 par unité d'humidité pour cent
Couche de terre de 0 à 15
15 à 25
25 à 50
50 à 75
75 à 100
100 à 125
125 à 150
150 à 175
175 à 200
200 à 225
225 à 250
Taux d'humidité pour cent
Taux d'humidité pour cent
35
30
25
20
15
10
5
0
Pradelaine
Le Cabanon
Pradelaine
NUMÉRO : 1 2 3 4 5 6
du
Pont de Rieucoulon : N.º 1 12 décembre 1906   N.º 2 6 juin 1907   N.º 3 26 juillet 1907   N.º 4 9 septembre 1907   N.º 5 14 mai 1908   N.º 6 8 octobre 1908
Le Cabanon : » 17 décembre 1906   » 7 juin 1907   » 26 juillet 1907   » 9 septembre 1907   » 14 mai 1908   » 8 octobre 1908
Pradelaine : » 11 décembre 1906   » 7 juin 1907   » 31 juillet 1907   » 11 septembre 1907   » 15 mai 1908   » 9 octobre 1908
Échantillonnage

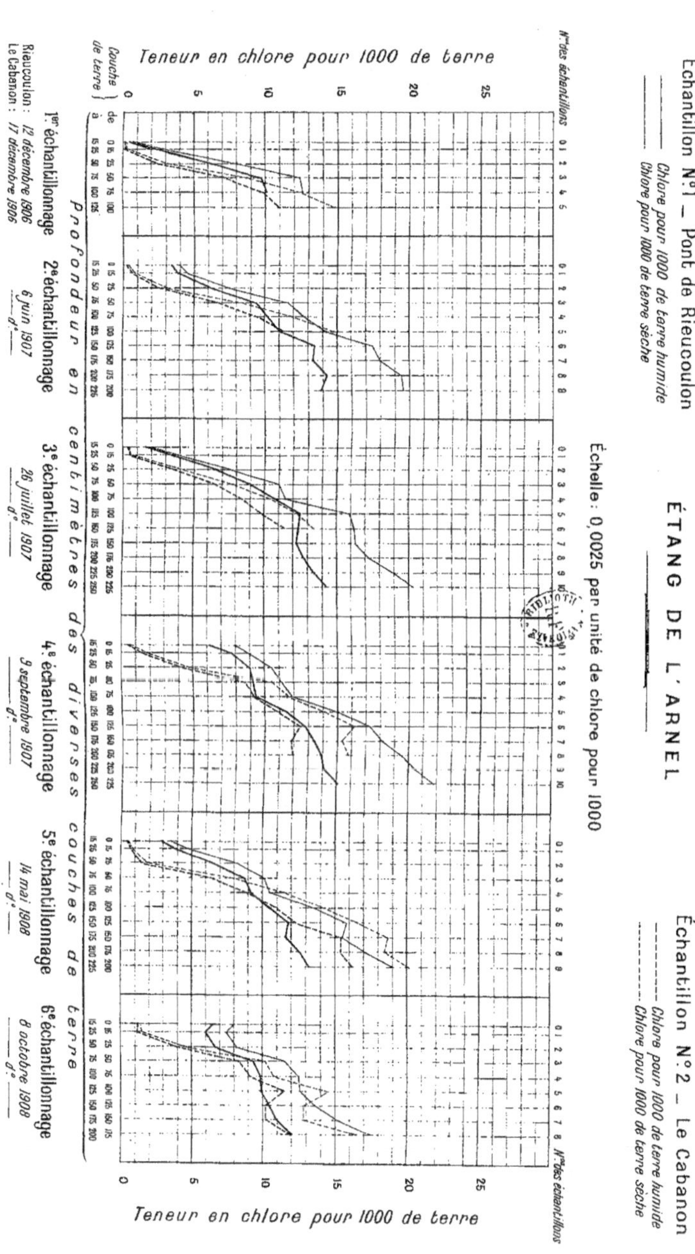

ÉTANG DE L'ARNEL
Échantillon N°1 — Pont de Rieucoulon
Échantillon N°2 — Le Cabanon
Chlore pour 1000 de terre humide
Chlore pour 1000 de terre sèche
Échelle : 0,0025 par unité de chlore pour 1000
Teneur en chlore pour 1000 de terre
N°s des échantillons
Couche de terre
de
à
Profondeur en centimètres des diverses couches de terre
1er échantillonnage
Rieucoulon : 12 décembre 1906
Le Cabanon : 17 décembre 1906
2e échantillonnage
6 juin 1907
d°
3e échantillonnage
26 juillet 1907
d°
4e échantillonnage
9 septembre 1907
d°
5e échantillonnage
14 mai 1908
d°
6e échantillonnage
8 octobre 1908
d°

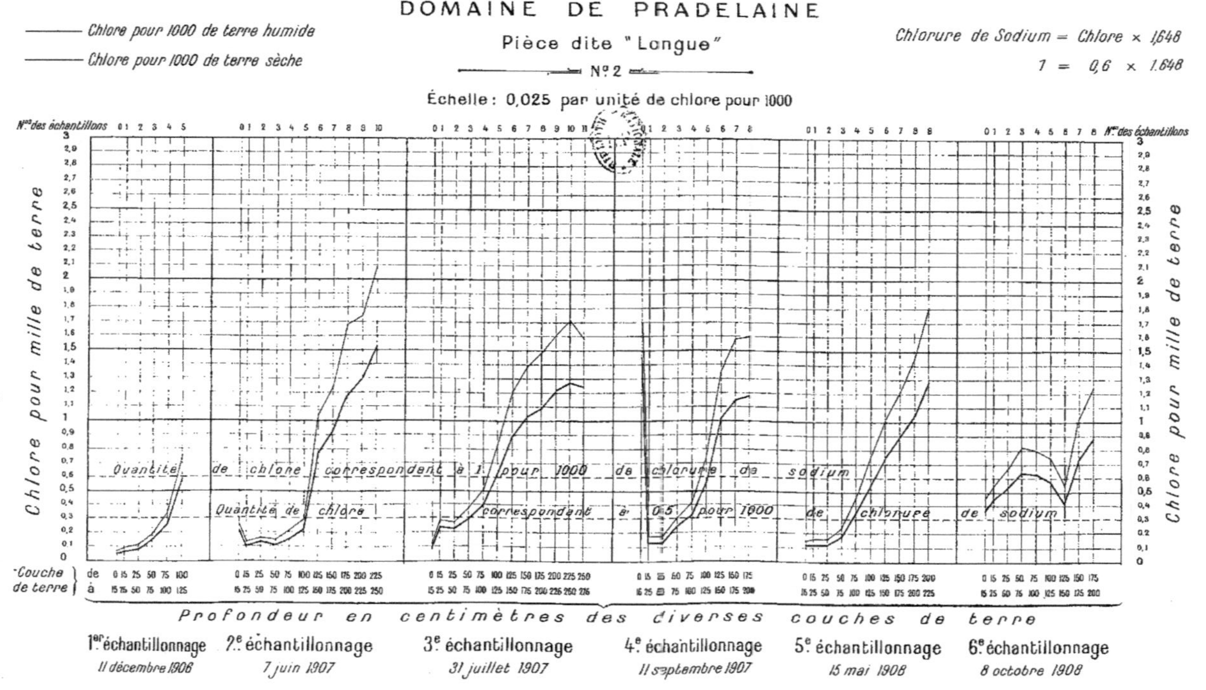
DOMAINE DE PRADELAINE
Pièce dite "Longue"
N.º 2
Échelle : 0,025 par unité de chlore pour 1000
Chlore pour 1000 de terre humide
Chlore pour 1000 de terre sèche
Chlorure de Sodium = Chlore × 1,648
1 = 0,6 × 1,648
Nᵒˢ des échantillons
Nᵒ des échantillons
Chlore pour mille de terre
Chlore pour mille de terre
Quantité de chlore correspondant à 1 pour 1000 de chlorure de sodium
Quantité de chlore correspondant à 0,5 pour 1000 de chlorure de sodium
Couche de terre
de
à
Profondeur en centimètres des diverses couches de terre
1ᵉʳ échantillonnage
11 décembre 1906
2.ᵉ échantillonnage
7 juin 1907
3.ᵉ échantillonnage
31 juillet 1907
4.ᵉ échantillonnage
11 septembre 1907
5.ᵉ échantillonnage
15 mai 1908
6.ᵉ échantillonnage
8 octobre 1908

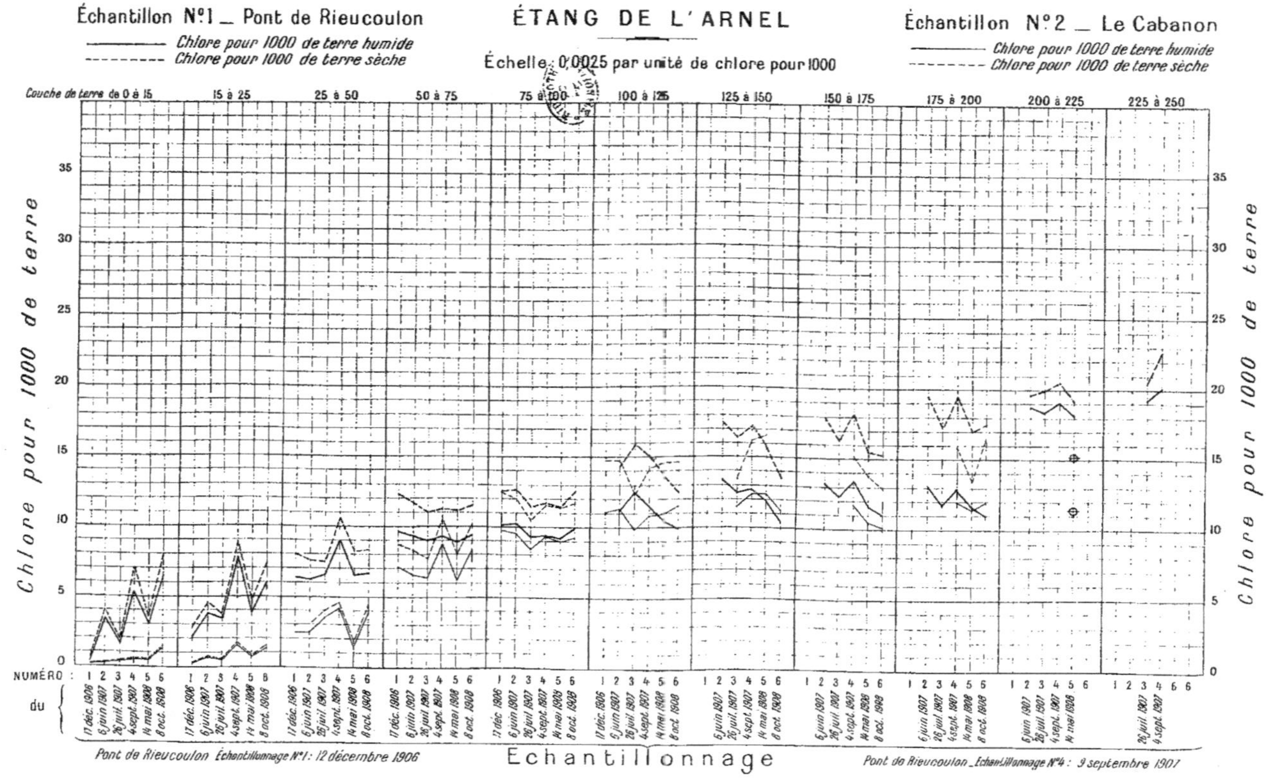

Échantillon N° 1 — Pont de Rieucoulon
Chlore pour 1000 de terre humide
Chlore pour 1000 de terre sèche
ÉTANG DE L'ARNEL
Échelle 0,0025 par unité de chlore pour 1000
Échantillon N° 2 — Le Cabanon
Chlore pour 1000 de terre humide
Chlore pour 1000 de terre sèche
Chlore pour 1000 de terre
Chlore pour 1000 de terre
Couche de terre de 0 à 15
15 à 25
25 à 50
50 à 75
75 à 100
100 à 125
125 à 150
150 à 175
175 à 200
200 à 225
225 à 250
NUMÉRO du
Échantillonnage
Pont de Rieucoulon Échantillonnage N° 1 : 12 décembre 1906
Pont de Rieucoulon _ Échantillonnage N° 4 : 9 septembre 1907
17 déc. 1906
6 juin 1907
26 juil. 1907
4 sept. 1907
14 mai 1908
8 oct. 1908

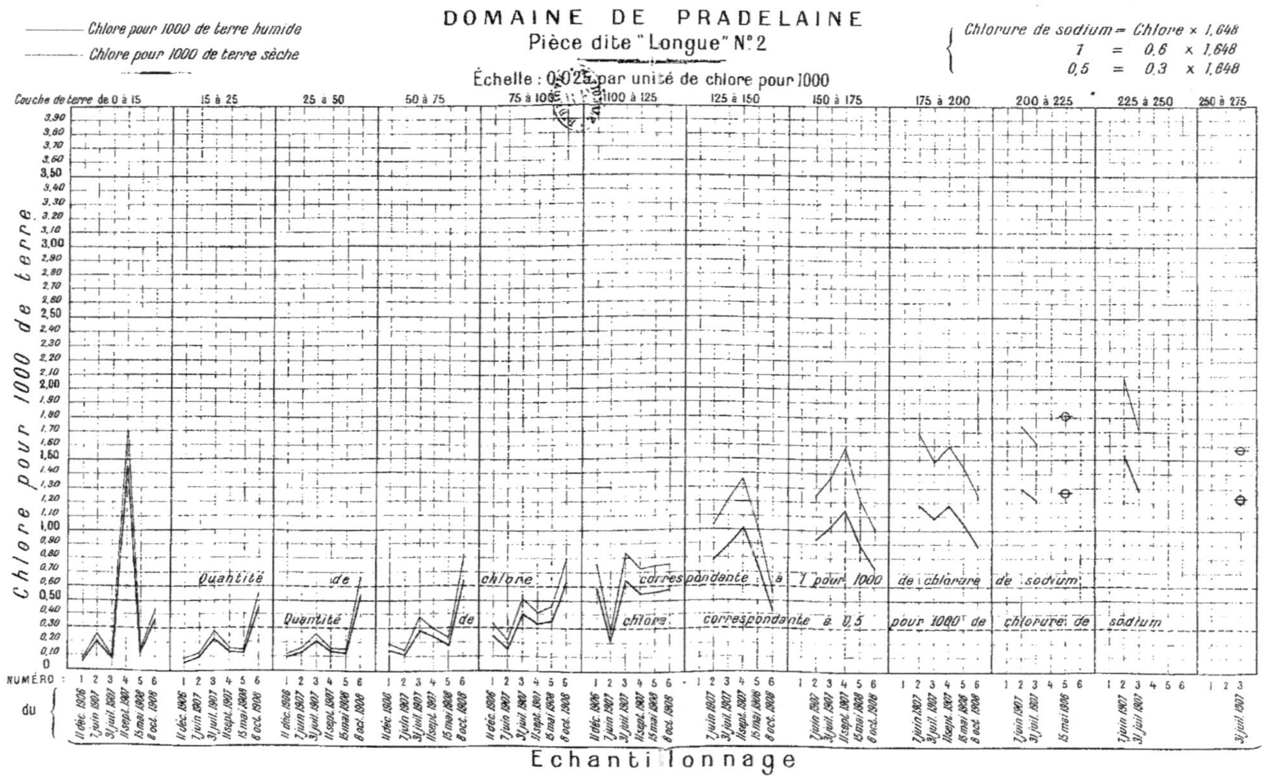
Chlore pour 1000 de terre humide
Chlore pour 1000 de terre sèche
DOMAINE DE PRADELAINE
Pièce dite "Longue" N.º 2
Échelle : 0,025 par unité de chlore pour 1000
Chlorure de sodium = Chlore × 1,648
1 = 0,6 × 1,648
0,5 = 0,3 × 1,648
Chlore pour 1000 de terre
Couche de terre de 0 à 15
15 à 25
25 à 50
50 à 75
75 à 100
100 à 125
125 à 150
150 à 175
175 à 200
200 à 225
225 à 250
250 à 275
Quantité de chlore correspondante à 1 pour 1000 de chlorure de sodium
Quantité de chlore correspondante à 0,5 pour 1000 de chlorure de sodium
NUMÉRO du
11 déc. 1906
7 juin 1907
31 juil. 1907
11 sept. 1907
15 mai 1908
8 oct. 1908
Echantillonnage
MINISTÈRE DE L'AGRICULTURE

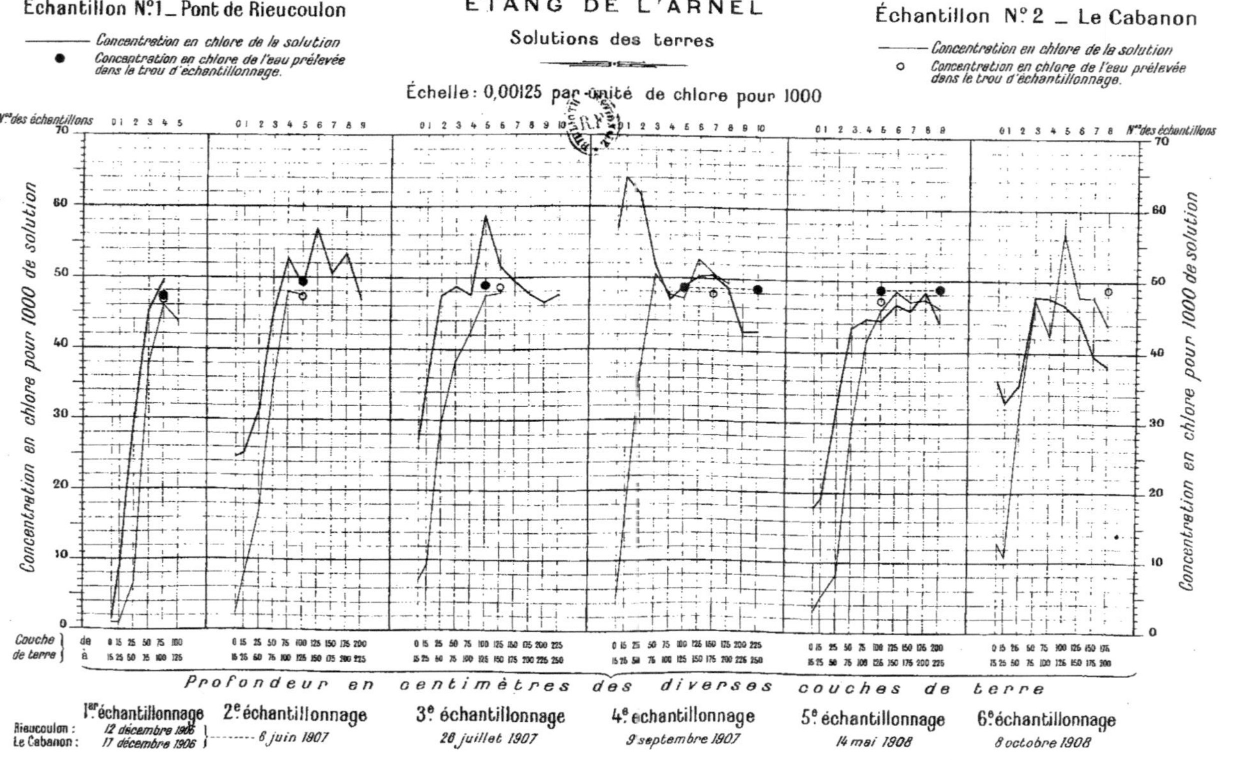

MINISTÈRE DE L'AGRICULTURE
Échantillon N.°1 _ Pont de Rieucoulon
Concentration en chlore de la solution
Concentration en chlore de l'eau prélevée dans le trou d'échantillonnage.
ÉTANG DE L'ARNEL
Solutions des terres
Échelle : 0,00125 par unité de chlore pour 1000
Échantillon N.° 2 _ Le Cabanon
Concentration en chlore de la solution
Concentration en chlore de l'eau prélevée dans le trou d'échantillonnage.
N.os des échantillons
Concentration en chlore pour 1000 de solution
Concentration en chlore pour 1000 de solution
N.os des échantillons
Couche de terre { de { à
Profondeur en centimètres des diverses couches de terre
1.er échantillonnage
Rieucoulon : 12 décembre 1906
Le Cabanon : 17 décembre 1906
6 juin 1907
2.e échantillonnage
3.e échantillonnage
28 juillet 1907
4.e échantillonnage
9 septembre 1907
5.e échantillonnage
14 mai 1908
6.e échantillonnage
8 octobre 1908

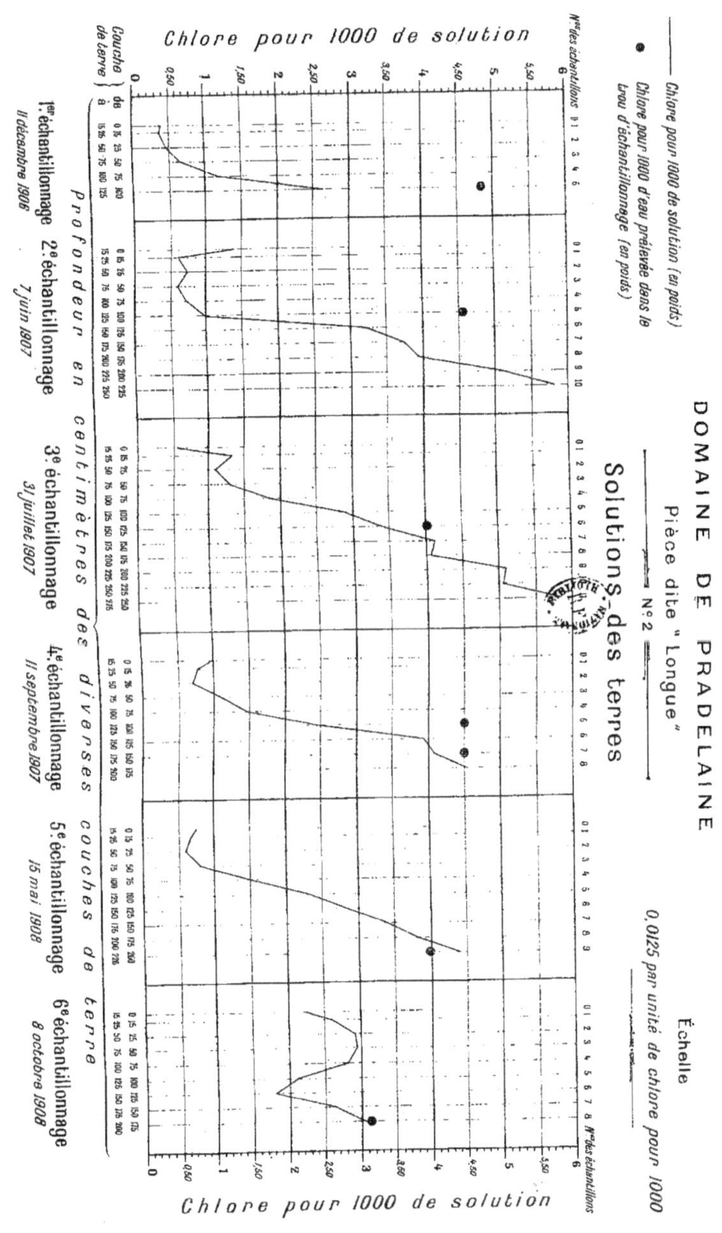

DOMAINE DE PRADELAINE
Pièce dite " Longue "
N° 2

Échelle
0,0125 par unité de chlore pour 1000

Solutions des terres

Chlore pour 1000 de solution
Chlore pour 1000 de solution

Chlore pour 1000 de solution (en poids)
Chlore pour 1000 d'eau prélevée dans le trou d'échantillonnage (en poids)

Nos des échantillons
Nos des échantillons

Couche de terre
Profondeur en centimètres des diverses couches de terre

1er échantillonnage
11 décembre 1906

2e échantillonnage
7 juin 1907

3e échantillonnage
31 juillet 1907

4e échantillonnage
11 septembre 1907

5e échantillonnage
15 mai 1908

6e échantillonnage
8 octobre 1908

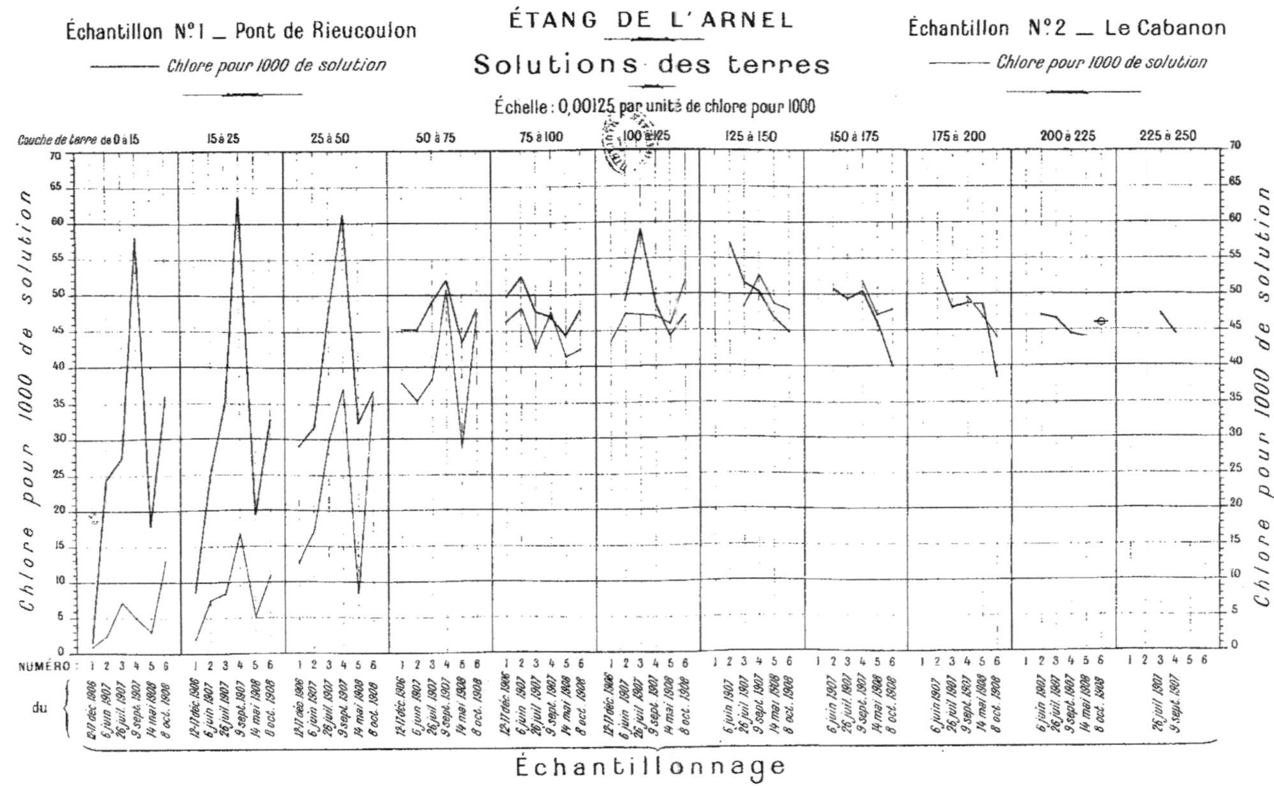

ÉTANG DE L'ARNEL
Solutions des terres
Échelle : 0,00125 par unité de chlore pour 1000
Échantillon N°1 — Pont de Rieucoulon
Chlore pour 1000 de solution
Échantillon N°2 — Le Cabanon
Chlore pour 1000 de solution
Chlore pour 1000 de solution
Couche de terre de 0 à 15
15 à 25
25 à 50
50 à 75
75 à 100
100 à 125
125 à 150
150 à 175
175 à 200
200 à 225
225 à 250
NUMÉRO : 1 2 3 4 5 6
du
12-17 déc. 1906
6 juin 1907
26 juil. 1907
9 sept. 1907
14 mai 1908
8 oct. 1908
26 juil. 1907
9 sept. 1907
Échantillonnage

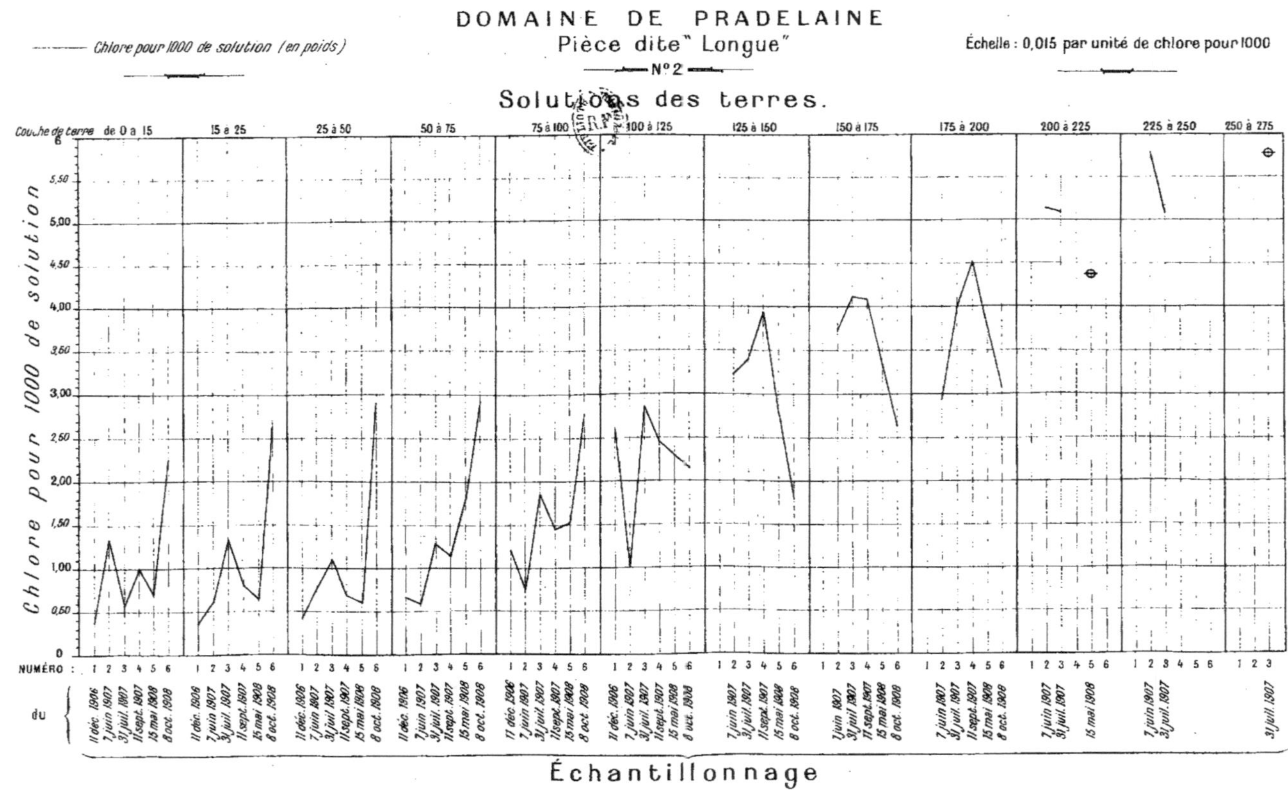

DOMAINE DE PRADELAINE
Pièce dite "Longue"
N° 2
Solutions des terres.
Chlore pour 1000 de solution (en poids)
Échelle : 0,015 par unité de chlore pour 1000
Chlore pour 1000 de solution
Couche de terre de 0 à 15 15 à 25 25 à 50 50 à 75 75 à 100 100 à 125 125 à 150 150 à 175 175 à 200 200 à 225 225 à 250 250 à 275
6 5,50 5,00 4,50 4,00 3,50 3,00 2,50 2,00 1,50 1,00 0,50 0
NUMÉRO : 1 2 3 4 5 6
du
11 déc. 1906
7 juin 1907
31 juil. 1907
11 sept. 1907
15 mai 1908
8 oct. 1908
Échantillonnage

Dans Pradelaine, les variations d'humidité ont une amplitude beaucoup plus faible ; le sol n'est point soumis à des alternatives de sécheresse et d'humectation excessives.

EXPRESSION DE LA TENEUR EN CHLORE.

L'échantillon fournit une terre humide, dont on détermine tout d'abord l'humidité. Après quoi, prenant un poids connu de terre sèche, on y dose le chlore.

Le résultat étant trouvé, dose de chlore pour 1000 de terre sèche, on peut en faire état sans autre modification.

Mais la présence de l'eau dans le sol suggère diverses réflexions. On peut penser que, la terre en place étant humide, c'est la terre humide qui représente le milieu offert à la plante. Or, si, en partant de la teneur de la terre sèche en chlore, on calcule la teneur de la terre humide en cette même substance, on diminue les nombres qui mesurent la teneur en chlore ; et comme l'humidité varie, soit avec la profondeur, soit avec le temps, ce second résultat dépend de deux variables ; les variations du chlore conserveront-elles la même allure ; ne seront-elles pas tellement modifiées quand on les mêle à celles de l'eau qu'on n'en pourrait plus saisir le mouvement propre ? — C'est la question que nous nous sommes d'abord posée. C'est pourquoi uous avons calculé tous nos résultats, d'une part pour 1000 de terre sèche, d'autre part pour 1000 de terre avec l'humidité connue.

Ces deux résultats sont représentés graphiquement sur les planches XI, XII, XIII et XIV.

Si l'on compare le diagramme relatif à la teneur en chlore de la terre sèche au diagramme relatif à la terre humide, on remarque, comme il était facile de le prévoir, que ces deux diagrammes s'écartent d'autant plus l'un de l'autre que l'humidité de la terre est plus grande.

Néanmoins les deux diagrammes conservent la même allure : c'est là un point qui était à élucider.

Dès lors, si l'on veut étudier le régime du chlore dans les terres en question, il est à peu près indifférent d'envisager les teneurs pour 1000 de terre sèche ou pour 1000 de terre humide : les variations d'humidité ne sont pas telles qu'elles effacent les caractères essentiels des variations du chlore.

On peut aussi songer à une troisième expression de la teneur en chlore. Le vrai milieu en contact direct avec les poils absorbants des racines n'est ni la terre sèche, ni la terre humide, mais l'eau même qui imbibe la terre. Une même dose de sel, diluée dans une quantité d'eau plus ou moins grande, offre aux racines des conditions meilleures ou pires. Il semble donc qu'on aura un document plus parlant en rapportant la dose de chlore trouvée non plus à la terre sèche ou humide, mais à l'eau que la terre recèle. C'est pourquoi nous avons calculé les teneurs de cette eau en chlore, ce qui était aisé puisque pour un poids donné de terre sèche nous connaissions à la fois le chlore et l'eau. Les résultats sont représentés graphiquement par les planches XV, XVI, XVII et XVIII.

En résumé, le chlore dosé dans nos recherches a été exprimé, numériquement et graphiquement, par les trois rapports suivants :

$$\frac{\text{Chlore} \times 1000}{\text{terre sèche}}, \qquad \frac{\text{Chlore} \times 1000}{\text{terre humide}}, \qquad \frac{\text{Chlore} \times 1000}{\text{eau}}$$

RÉGIME DU CHLORE.

Si l'on embrasse d'un même regard les planches IX, X relatives à l'humidité et les planches XI, XII, XIII, XIV relatives au chlore, on peut se rendre compte des relations qui existent entre les variations de l'humidité et les variations du chlore.

A. Terres très salées (Rieucoulon, Le Cabanon).

1° *Régime jusqu'à 1 mètre de profondeur.* — Dans la partie superficielle, l'évaporation au cours de l'été et de l'automne (qui peut être sec dans nos régions) est la cause de la diminution de l'humidité. Or l'évaporation comporte un départ d'eau sans départ des substances dissoutes. Il est clair que, dans ces conditions, on ne peut observer aucune concordance entre les variations du chlore et les variations de l'humidité. C'est ce que montrent plus particulièrement les graphiques relatifs à l'humidité et au chlore correspondant aux prélèvements du 12 décembre 1906, Rieucoulon, et du 17 décembre 1906, Le Cabanon (pl. IX et XI).

Si le phénomène d'évaporation n'était accompagné d'aucun cheminement d'eau salée du bas vers le haut, si chaque particule de terre perdait son eau sans qu'aucune perturbation ne vint atteindre le chlore, nous serions amenés à constater, en dépit des phénomènes d'évaporation, une répartition constante du chlore.

Par exemple, si, à un moment donné, le chlore se trouvait à dose croissant régulièrement avec la profondeur, nous devrions retrouver cette augmentation régulière du chlore, soit que l'eau augmente, soit que l'eau diminue avec la profondeur.

Ce cas simple, en quelque sorte schématique, se trouve à peu près réalisé dans Rieucoulon pour la période qui a été observée au moyen des prélèvements du 12 décembre 1906, 6 juin et 26 juillet 1907 (voir les planches IX et XI). Pendant cet intervalle de temps la répartition de l'humidité dans la couche de 0 mètre à 1 mètre a subi des vicissitudes considérables, le sous-sol devenant tantôt plus sec, tantôt plus humide que le sol; cependant le chlore est resté régulièrement croissant avec la profondeur.

Le Cabanon nous donne un exemple plus net encore. Pendant une période de près de deux ans, du 17 décembre 1906 au 8 octobre 1908 (voir planches IX et XI), alors que dans l'épaisseur de 1 mètre à partir de la surface, l'humidité a énormément varié en quantité et en répartition, nous n'avons observé que des variations insignifiantes du chlore aussi bien pour la quantité que pour la répartition.

Nous arrivons ainsi à la conclusion suivante :

Pour les terres très salées (Rieucoulon, Le Cabanon) très voisines de l'eau de l'étang, observées pendant deux années environ, la dose de chlore a été trouvée constamment croissante jusqu'à 1 mètre de profondeur, quelles que soient les variations (d'ailleurs très grandes) de l'humidité.

Dans ces terres très salées, la teneur en chlore dépasse constamment, au-dessous de 0 m. 15, la teneur de 0.6 de chlore pour 1000 de terre sèche, teneur considérée comme entravant la végétation des plantes cultivées (elle correspond à 1 de NaCl pour 1000 de terre sèche). A 1 mètre de profondeur la dose de chlore pour 1000 de terre sèche dépasse toujours 10.

L'énoncé précédent reste exact que l'on exprime la teneur en chlore pour 1 0 0 0 de terre sèche ou pour 1 0 0 0 de terre humide telle qu'elle se trouve dans le champ.

Dans les observations qui appuient cet énoncé, il n'y a qu'une légère exception, pour Rieucoulon en octobre 1908 (pl. XI) : la croissance continue du sel ne commence qu'à partir de o m. 15 ; la surface est un peu plus salée que la couche de o m. 15 à o m. 25. C'est là un détail insignifiant et nous ne l'aurions même pas signalé si des faits du même genre ne prenaient une importance évidente dans le cas de la terre moins salée (Pradelaine).

Examinons maintenant la répartition du chlore dans l'eau du sol. Si l'on admet que l'eau du sol tient en solution tout le chlore dosé, on a dans la concentration de cette solution un chiffre mesurant peut-être mieux les conditions offertes aux racines, soit que les chlorures aient réellement l'état dissous, soit qu'ils aient pris partiellement la forme de sels solides. Les résultats de ce calcul sont représentés graphiquement par les planches XV et XVI. Dans Rieucoulon, quatre échantillonnages sur six ont donné, pour les solutions, une dose continuellement croissante de chlore à mesure qu'on observe une profondeur croissante : dans ces cas nous retrouvons une régularité du même ordre que celle qui vient d'être énoncée par rapport à la terre sèche et à la terre humide. Mais deux échantillonnages signalent une allure différente (voir pl. IX, XI, XV).

Ainsi dans Rieucoulon, l'échantillonnage du 9 septembre 1907 correspond, d'une part, à une humidité (d'ailleurs élevée) croissant régulièrement avec la profondeur ; il correspond, d'autre part, à une teneur en chlore (d'ailleurs plus élevée qu'à l'époque antérieure et à l'époque postérieure) croissant de même régulièrement avec la profondeur pour 1 0 0 0 de terre sèche ou 1 0 0 0 de terre humide ; mais il correspond à une allure toute différente pour la solution : celle-ci augmente seulement jusqu'à o m. 25 environ, puis décroît pour présenter à 1 mètre un minimum suivi d'un nouvel accroissement. Dans Le Cabanon, l'échantillonnage effectué le même jour, 9 septembre 1907, a présenté une solution ayant la même différence d'allure si on la compare à l'humidité et à la teneur en chlore de la terre sèche ou de la terre humide.

L'échantillonnage du 8 octobre 1908, correspondant un an après à la même saison, a fourni, pour Rieucoulon et pour Le Cabanon, des faits analogues observables sur les graphiques.

Nous arrivons ainsi à la seconde conclusion suivante :

Pour les terres très salées (Rieucoulon, Le Cabanon) très voisines de l'eau de l'étang, la concentration en chlore des solutions du sol n'a pas présenté, en septembre 1907 et en octobre 1908, la croissance régulière observée pour l'humidité et pour la teneur en chlore de la terre sèche ou humide, jusqu'à 1 mètre de profondeur.

Personne ne conteste l'intérêt particulier que présente, pour estimer le milieu offert aux racines, la concentration des solutions dans lesquelles elles baignent. Nous devons donc accorder une attention spéciale aux indications tirées de cette concentration. Et nous voyons qu'elles peuvent être en contradiction, pour la répartition de l'effet toxique, avec celles que l'on tire de la teneur de la terre sèche ou humide.

Pour juger de l'état d'une terre salée, il ne faut donc pas s'arrêter seulement à la teneur en chlore de la terre sèche ou humide, mais noter aussi la concentration en chlore de la solution du sol.

Il est vraisemblable que la même référence (pour 1 0 0 0 de solution) est requise pour l'étude des autres substances dissoutes.

2° *Relation entre les concentrations respectives de l'eau qui circule et de l'eau d'imbibition.* — Il y a lieu de donner place ici à une objection qui vient naturellement à l'esprit. On a dosé l'eau de la terre ; on a dosé le chlore de la terre ; ce n'est ensuite que par un calcul que l'on a rapporté le chlore à l'eau pour estimer la concentration. Quelle assurance avons-nous que cette solution, avec cette concentration, existe réellement dans le sol ?

Pour ce qui est du chlore, à l'égard duquel le pouvoir absorbant du sol est très faible, on pourrait répondre que rien ne s'oppose à la dissolution et à la diffusion des chlorures alcalins et alcalino-terreux dans l'eau du sol.

Mais il est plus correct de recourir à l'observation directe. Un cas où ce contrôle expérimental devient relativement aisé est celui des échantillons qui, au moment de l'échantillonnage, laissent sourdre la solution à travers les interstices de la terre. On peut recueillir cette eau, y doser le chlore, et l'on a ainsi la concentration d'une solution dont le sol est réellement imprégné.

Toutes les fois que ce prélèvement d'eau a été possible, nous l'avons effectué. Le résultat trouvé est indiqué, dans les graphiques, par un point entouré d'une petite circonférence sur l'ordonnée même qui correspond à l'abscisse indiquant la profondeur du prélèvement (planche XV et XVI) ; en sorte que la coïncidence ou la non-coïncidence avec le résultat du calcul précédent peut être aisément aperçue. Dans la plupart des cas, la coïncidence est parfaite ou suffisante ; dans quelques cas, il y a une différence que nous chercherons à expliquer plus loin.

De l'ensemble de ces essais de contrôle, il résulte néanmoins que le calcul de la concentration à partir du dosage de l'eau et du chlore dans la terre est généralement très acceptable, et l'on peut admettre que la solution ainsi conçue existe réellement.

On peut représenter graphiquement ces concentrations en réunissant dans un même diagramme les concentrations à différentes profondeurs en un même endroit et à un même moment (planches XV et XVI). On peut aussi les représenter en réunissant dans un même diagramme les concentrations d'une même couche à des époques différentes (planches XVII et XVIII).

Comment peut-il arriver que la concentration de la solution extraite ne coïncide pas avec celle de la solution calculée ? Si l'on admettait que le mélange *terre + sel + eau* a atteint son état d'équilibre, on ne pourrait attribuer ces non-coïncidences qu'à des erreurs de dosage. Mais, d'une part, nos dosages ont été révisés avec trop grand soin pour qu'il ne nous soit pas possible d'accepter cette explication ; et, d'autre part, rien ne nous contraint à supposer que, dans les échantillons prélevés, l'équilibre fût atteint au moment même de l'échantillonnage. Lorsqu'une eau plus salée tend à envahir une couche de terre, elle rencontre une solution moins salée qui ne lui cède pas immédiatement toute la place, qui subsiste plus ou moins longtemps dans les mottes et les grumeaux jusqu'à ce que la diffusion ait opéré l'égalité de concentration dans toute la masse liquide. Dans cette hypothèse, c'est l'eau plus salée qui circule le plus aisément et apparaît sur la paroi de la tranchée qu'on vient d'ouvrir ; c'est au contraire l'eau moins salée qui demeure dans les interstices les plus fins de la terre que l'on prélève d'autre part. Il n'y a donc pas nécessairement égalité entre la concentration de la solution accompagnant l'échantillon de terre et la concentration de la solution qui circule à son contact. — Le même raisonnement, *mutatis mutandis*, s'applique au cas où une eau moins salée tend à envahir une couche de terre où existe préalablement une solution plus salée. — En fait nous avons rencontré l'un et l'autre de ces deux cas.

Quoi qu'il en soit de l'explication qu'on en peut fournir, le fait est constaté :

La teneur en chlore de l'eau qui sourd d'une couche de terre mise à découvert peut être égale, inférieure ou supérieure à la teneur en chlore que l'on calcule en attribuant tout le chlore, trouvé dans l'échantillon de terre ressuyée, à l'eau retenue par cet échantillon.

3° *Régime au-dessous de 1 mètre de profondeur.* — Ces comparaisons entre l'eau libre et l'eau retenue par la terre n'ont pu être faites qu'à partir de 1 mètre de profondeur; en général nous n'avons trouvé l'eau suintante qu'au-dessous de ce niveau.

Nous sommes maintenant amenés à considérer le régime de l'eau et du chlore au-dessous de 1 mètre, et nous avons séparé cette portion du sous-sol, dans nos raisonnements, parce qu'on y observe des faits assez différents de ceux que présente la couche supérieure.

D'abord, en ce qui concerne l'humidité, nous avons pu observer en certains cas, au-dessous de 1 mètre, une décroissance qui ne peut être attribuée à une simple évaporation directe : notamment dans Le Cabanon, en mai et en octobre 1908, il y a vers 1 m. 75 une couche de terre moins humide que les couches supérieure et inférieure.

Ce qui donne un certain intérêt à cette constatation, c'est que ce départ d'eau a coïncidé avec un départ de sel, ainsi qu'on peut s'en rendre compte sur la planche XV (4° et 6° échantillonnages). Le départ de chlore est signalé non par la diminution de la teneur en chlore de la terre sèche et de la terre humide (pl. XI), mais par la diminution de la teneur en chlore de l'eau d'imbibition (pl. XV).

Tout se passe comme s'il y avait eu infiltration d'une eau moins salée à travers une couche de terre plus perméable située à 1 m. 75 environ, puis évacuation partielle de cette eau. On peut rapporter cet effet à une infiltration de l'eau de la Mosson.

Dans Rieucoulon le même fait ne s'observe pas nettement, mais il y a dans la courbe de l'humidité et dans celle du chlore des points d'inflexion qui rappellent la même tendance; la courbe des solutions présente également des mouvements témoignant d'une perturbation analogue.

Ces constatations peuvent être résumées dans la conclusion suivante :

Dans les terres très salées (particulièrement dans Le Cabanon), à la profondeur de 1 m. 75 environ, on a pu observer le drainage partiel d'une couche de terre et le dessalement partiel concomitant de cette couche.

Un phénomène de ce genre donne à la répartition du chlore dans la terre une allure capricieuse, dont témoignent clairement les graphiques (pl. XI, 6° échantillonnage).

4° *Comparaison, dans les terres très salées, des couches supérieure et inférieure à 1 mètre.* — Pour ce qui est de l'allure des variations de la teneur en chlore, nous venons de constater que :

Dans les terres très salées (Rieucoulon, Le Cabanon), au-dessus de 1 mètre, la teneur en chlore de la terre sèche et de la terre humide augmente d'une manière continue avec la profondeur; mais il n'en est pas de même de la concentration en chlore des solutions du sol. Au-dessous de 1 mètre, nous avons observé une répartition irrégulière et pour la teneur en chlore de la terre sèche ou humide et pour la teneur en chlore des solutions. En résumé, l'allure des variations avec la profondeur est plus irrégulière au-dessous de 1 mètre qu'au-dessus de ce niveau.

Si, au lieu de considérer l'allure des variations avec la profondeur, nous envisageons la richesse en chlore à un niveau donné, nous aboutissons aux conclusions suivantes (voir pl. XIII).

Pour une couche donnée de terre, les variations, dans le temps, de la teneur en chlore de la terre sèche ou humide sont parfois grandes, parfois petites sans qu'on puisse attribuer une irrégularité plus grande aux couches supérieures qu'aux couches inférieures.

Par contre (voir pl. XVII), si on envisage la concentration en chlore de la solution qui imbibe le sol à un niveau donné, on constate que cette concentration subit, au-dessus de 1 mètre de profondeur, des variations très considérables dans le temps, tandis qu'elle varie fort peu au-dessous de 1 mètre de profondeur.

En résumé :

L'influence de l'évaporation sur la concentration en chlore des solutions ne se fait guère sentir que jusqu'à 1 mètre environ.

Cette constatation amène à une conséquence pratique. Puisque les effets de l'évaporation et les influences nocives qui en peuvent résulter ne se font sentir qu'au-dessus de 1 mètre, *un drainage effectué à 1 mètre ou à un niveau légèrement inférieur pourra servir à évacuer toute la masse du chlore réellement dangereux.*

Si, en effet, nous admettons qu'on veuille procéder au dessalement rationnel de ces terres, on y arrivera aux conditions suivantes :

1° On devra dessaler aussi complètement que possible la couche de 1 mètre d'épaisseur à partir de la surface : dès lors l'évaporation, qui agit sur cette épaisseur de terre, ne produira pas de concentration du sel ;

2° On dessalera partiellement seulement au-dessous de 1 mètre. Et comme l'évaporation n'agit plus à ce niveau, le sel ne se concentrera pas d'une manière plus nuisible.

En définitive :

La constitution du sol étant telle qu'il y a naturellement deux régimes, l'un au-dessus et l'autre au-dessous de 1 mètre, il sera rationnel d'instituer deux systèmes d'amélioration, l'un s'adressant à la couche supérieure à 1 mètre, l'autre à la couche inférieure.

Il serait irrationnel d'unir artificiellement aux mêmes vicissitudes ces deux étages distincts.

Rappelons à ce propos que, en 1909, M. Victor Mosséri, agronome éminent d'Égypte, particulièrement compétent dans les améliorations des terrains salés, a fait connaître un système de dessalement et de drainage qui répond à cette idée en cas d'arrosages abondants pour la culture du riz [1].

B. Terres médiocrement salées (Pradelaine).

Les raisonnements précédents envisagent un milieu digne d'observation pour la pratique du dessalement, mais qui se place hors des conditions accessibles à la végétation des plantes cultivées.

---

[1] Victor Mosséri. Le drainage en Égypte. Note sur un nouveau dispositif pour évacuation des eaux de drainage et d'assainissement. *Bulletin de l'Institut égyptien*, t. III, 5ᵉ série, p. 101-119.

Une fois réalisé, un dessalement partiel laissera-t-il les terres soumises à un régime analogue ? Lorsque dans les 5o premiers centimètres de profondeur, les doses de sel, au lieu de varier de 1 à 1o p. 1ooo, resteront en général au-dessous de 1 p. 1ooo, ce sol subira-t-il les mêmes aventures ? Enfin lorsque, au lieu d'être fortement humectée par un étang très voisin, la terre sera généralement plus sèche, ce changement dans le régime d'humidité n'amènerait-il pas un changement dans le régime du sel ?

Nous serions bien embarrassés de répondre à ces questions autrement qu'en observant directement une terre partiellement dessalée, de même nature, placée au voisinage et soumise par conséquent aux mêmes conditions climatiques.

C'est le cas de la pièce dite La Longue, dans le domaine de Pradelaine. Les premières tranches superficielles demeurent médiocrement salées : mais leur teneur en chlore oscille en général en deçà et au delà de la limite considérée comme toxique dans un salant où le chlorure de sodium est presque exclusif. Ce sont là des variations particulièrement intéressantes puisqu'elles établissent alternativement des conditions de végétation possible ou impossible.

Il suffit de considérer la planche XII pour remarquer que, dans ce nouveau cas, il y a lieu d'envisager à part trois épaisseurs distinctes :

1° De o mètre à o m. 15, partie tout à fait superficielle;

2° De o m. 15 à 1 mètre environ, correspondant à la même tranche des terres très salées;

3° Au-dessous de 1 mètre.

1° *Régime de o mètre à o m. 15.* — Tandis que, dans les terres très salées, la partie tout à fait superficielle ne nous a pas présenté de régime spécial du chlore, nous trouvons au contraire dans cette terre médiocrement salée une surface qui parfois est moins riche, parfois beaucoup plus riche en chlore que la partie immédiatement sous-jacente.

Le phénomène d'augmentation du sel à la surface a été particulièrement noté le 11 septembre 1907. Au reste cet état de choses est généralement visible sur place au simple regard : on aperçoit à la surface du sol des cristaux miroitants de sel marin.

Il est remarquable de constater que cette manifestation du sel à la surface ne correspond pas à une augmentation générale de la salure de la terre. A partir de o m. 15 nous retrouvons le chlore en mêmes quantités et en même disposition dans le sol que le 31 juillet précédent, alors que le 31 juillet la partie tout à fait superficielle était moins salée que tout le reste du sol.

Nous pouvons donc énoncer la conclusion suivante :

Dans une terre médiocrement salée, il peut y avoir apparition du sel à la surface sans que ce phénomène corresponde à un envahissement général de la terre par une quantité plus grande de sel.

Si nous adoptons l'expression locale de « remontée de sel » pour exprimer le fait d'un envahissement général et nuisible de tout le sol par le sel, nous pourrons énoncer la même conclusion en disant :

On peut observer l'apparition du sel à la surface, sans qu'il y ait à proprement parler, une « remontée de sel » dans le sol.

Il est remarquable que nous n'ayons pas observé le même phénomène de concentration tout à fait superficielle dans les terres très salées de Rieucoulon et Le Cabanon. Mais les conditions de division du sol et de sécheresse y ont été différentes.

2° Régime de o m. 15 à 1 mètre. — Dans cette partie nous retrouvons, avec des doses beaucoup plus faibles de chlore, exactement le même régime que pour les terres très salées.

Que l'on exprime la teneur en chlore pour 1000 de terre sèche ou pour 1000 de terre humide, la dose de chlore est constamment croissante de o m. 15 à 1 mètre de profondeur, quelles que soient les variations (d'ailleurs assez grandes) de l'humidité. Mais la concentration en chlore des solutions du sol ne présente point cette croissance régulière avec la profondeur.

Pour se rendre compte de cette dernière assertion, il suffit d'examiner la planche XVI : on y observe, dans le diagramme représentant les teneurs en chlore des solutions, des maxima et des minima correspondant à l'épaisseur comprise entre o m. 15 et 1 mètre.

Ici aussi nous avons eu la possibilité de comparer, au point de vue de la teneur en chlore, l'eau qui sourd à un niveau déterminé et l'eau dont la terre, prise à ce niveau, reste imbibée après ressuyage.

Les résultats ont été graphiquement représentés sur la planche XVI.

Comme pour les terres très salées, nous trouvons en certains cas une identité de concentration en chlore des deux solutions. En d'autres cas, toujours comme dans le cas des terres très salées, nous trouvons des différences. Ces différences sont de même ordre dans les terres très salées et dans la terre peu salée (avoir garde que, dans le graphique de Pradelaine, l'échelle est 10 fois plus grande).

3° Régime au-dessous de 1 mètre de profondeur. — A plusieurs reprises l'humidité a présenté un maximum aux environs de 2 mètres (voir pl. IX). Quant au chlore compté pour 1000 de terre sèche ou humide, il a été le plus souvent en croissant d'une manière continue à partir de 1 mètre (voir pl. XII), avec cependant une indication de maximum vers 2 m. 50 le 31 juillet 1907 et une répartition toute différente le 8 octobre 1908. A cette dernière date, ce chlore a présenté un maximum vers 1 mètre et un minimum vers 1 m. 50.

Il est à remarquer que, dans le cas de Pradelaine, les variations de la concentration en chlore de l'eau qui imbibe le sol sont, contrairement à ce que nous avons observé pour Rieucoulon et Le Cabanon, tout à fait semblables aux variations du chlore pour 1000 de terre sèche ou humide. En particulier, le maximum et le minimum des échantillons du 8 octobre 1908 se retrouvent aux mêmes places pour cette concentration.

On remarquera que les échantillonnages effectués le même jour à Rieucoulon et Le Cabanon nous ont révélé une répartition analogue du chlore dans ces terres très salées.

Cette observation généralise le caractère changeant de la répartition du sel dans une même terre. Nous pouvons consigner cette conclusion dans les termes suivants :

Une même terre, qu'elle soit très salée ou médiocrement salée, qu'elle soit très près de l'étang ou à une distance notable de ce réservoir d'eau salée, contient du chlore qui peut, suivant l'époque considérée, tantôt croître régulièrement de la surface vers le fond, tantôt présenter un ou plusieurs maxima ou minima à mesure qu'on explore des couches plus profondes.

C'est assez dire qu'il n'y a pas, en un endroit donné, une répartition fixe du chlore ni même une allure semblable dans le mode de répartition, et que, par conséquent, *il n'y a pas de type de répartition du chlore correspondant à un type de sol en place.*

Répartition du chlore dans le cas d'une aire constituant une « tache salée ». — D'après ce que nous venons de voir, le fait pour une terre d'être salée la prédestine à des vicissitudes complexes et changeantes, aussi bien pour le mode de répartition du sel que pour sa quantité. Ces divers événements résultent d'une perpétuelle tendance de la terre à se mettre en équilibre en face d'une masse de sel qui se déplace sous l'influence assez capricieuse des eaux météoriques, de ruissellement ou d'infiltration, obéissant elles-mêmes à des causes variables, température, évaporation, etc.

Pour ce qui est des terres situées, comme Rieucoulon et Le Cabanon, au bord même de l'Étang, on voit assez bien la nature et la place de la masse principale d'eau salée qui intervient dans ces phénomènes du sol. C'est l'eau salée de l'étang qui est la cause principale de la salure et de la variation de salure de ces terres; et, comme nous le verrons plus loin, on peut avoir des renseignements sur cette masse salée en l'étudiant à part.

Pour ce qui est de Pradelaine, que faut-il penser de la cause perturbatrice? Est-ce une nappe d'eau uniformément salée, qui éprouve des dénivellations, tantôt vers le haut et tantôt vers le bas? Ou bien est-ce un résidu de sel, localisé sur une aire peu étendue, que les eaux du sol font cheminer au gré de leur cheminement propre ?

Il était intéressant de contrôler expérimentalement l'hypothèse d'une nappe d'eau uniformément salée se mouvant dans le sous-sol tantôt vers le haut, tantôt vers le bas. Si elle devait se confirmer, la répartition du sel nuisible aux végétaux aurait une allure commandée à peu près exclusivement par la topographie.

C'est pourquoi nous avons exploré la salure de la nappe d'eau à laquelle est soumise la terre de Pradelaine. Suivant une ligne droite de 900 mètres, nous avons, tous les 100 mètres, pratiqué une tranchée jusqu'à ce que nous rencontrions l'eau; nous avons noté le niveau auquel elle apparaissait et nous avons pris de cette eau un échantillon destiné à l'analyse.

Les résultats de cette sorte de prospection, après laquelle nous avons décidé de suivre l'échantillon du milieu, ont été consignés dans la planche I. On voit que, en se déplaçant suivant une certaine orientation, on a rencontré l'eau à des profondeurs régulièrement croissantes, depuis 0 m. 40 jusqu'à 0 m. 60.

On voit aussi que cette eau n'a pas, beaucoup s'en faut, une salure constante; il y a, au milieu de la tache salée, une salure beaucoup plus élevée que sur les bords, aussi bien sur le bord où la nappe d'eau approche plus de la surface que sur le bord où elle en approche moins.

Nous pouvons donc dire :

Dans la tache salée au centre de laquelle se trouve l'échantillon de Pradelaine, il n'y a pas une nappe d'eau à concentration uniforme sur toute sa surface.

Par conséquent une tache de ce genre n'apparaît point comme reliée à une source régionale de sel régnant sous la plaine cultivée; c'est une localisation de sel résiduaire du dessèchement non suivi d'assainissement complet.

On peut aussi, semble-t-il, conclure de ce fait qu'il n'y a pas communication souterraine entre la nappe de Pradelaine et l'étang au point de faire intervenir à nouveau le sel de l'étang dans ces terres qu'il a abandonnées; encore moins y a-t-il communication souterraine avec la mer. La compacité et l'imperméabilité des limons déposés par le Lez explique cette indépendance et l'on peut penser que l'étang de l'Arnel, une fois desséché, ne subira point d'invasion saline par l'eau de la mer.

Régime de chloruration des eaux de l'étang. — On se rappelle que nous avons prélevé et analysé l'eau des sondages effectués à Rieucoulon et Le Cabanon. Notons graphiquement (pl. XIX) les résultats trouvés aux différentes époques, en inscrivant la profondeur à laquelle l'eau a été trouvée.

Aux mêmes époques nous avons échantillonné l'eau de l'Étang, en la prenant à la surface, en face même de Rieucoulon et de Le Cabanon et aussi au centre même de l'Etang, au premier ponceau de la chaussée allant de Villeneuve (côté terre) à Maguelonne (côté de la dune marine). Notons sur le même graphique les résultats trouvés.

Nous constatons les faits suivants :

1° *La chloruration de l'eau de l'Étang, dans l'intervalle de nos investigations, a varié entre 15 grammes et 45 grammes de chlore par litre. Elle n'est donc pas constante.*

2° *La chloruration moyenne de l'eau de la Méditerranée étant de 21 gr. 376 pour 1 litre (Schlœsing, Comptes rendus 1906), on voit que l'eau de surface de l'étang est tantôt moins chlorurée, tantôt beaucoup plus chlorurée que l'eau de la Méditerranée. Elle est en général plus chlorurée.*

3° *La chloruration de l'eau de surface de l'étang est nettement plus faible que celle de l'eau rencontrée en creusant dans les terres des bords immédiats de l'étang : celles-ci contiennent 50 grammes de chlore par litre.*

4° *L'eau qu'on prélève dans la boue tout près de l'eau de l'étang est encore plus chlorurée : 67 grammes de chlore par litre.*

Montée et descente du chlore. — Considérons les documents inscrits sur les planches XI et XII. Prenons, pour premier exemple, ceux de la planche XI (Rieucoulon). Comparons les deux graphiques relatifs au 3ᵉ échantillonnage (26 juillet 1907) et au 4ᵉ (9 septembre 1907). Nous voyons que à peu près tous les points du même numéro ont une cote plus élevée au 4ᵉ échantillonnage qu'au 3ᵉ, ce qui signifie que *le chlore a augmenté partout à la fois.*

C'est là un premier type de montée de sel.

Comparons le graphique du 4ᵉ et du 5ᵉ échantillonnage. La cote d'à peu près tous les points est plus basse au 5ᵉ échantillonnage. *Le chlore a diminué partout à la fois.*

Il y a donc des mouvements d'ensemble du sel dans une terre, comme si le système constitué par les molécules de sel engagées dans le terrain se mouvait tout d'une pièce, presque sans déformation, en allant tantôt vers le haut, tantôt vers le bas, à la façon d'un piston dans un corps de pompe.

Mais il y a aussi des mouvements plus complexes. Prenons dans la planche XII (Pradelaine), les échantillonnages 5 (15 mai 1908) et 6 (8 octobre 1908). Abstraction faite des variations qui se sont produites entre ces deux dates éloignées, on voit que le changement dans la répartition du chlore indique une condensation jusqu'à 1 mètre, puis une diminution générale au-dessous de 1 mètre avec un minimum de chlore vers 1 m. 50.

Il y a bien eu montée de sel, mais plus exactement changement d'étage d'une

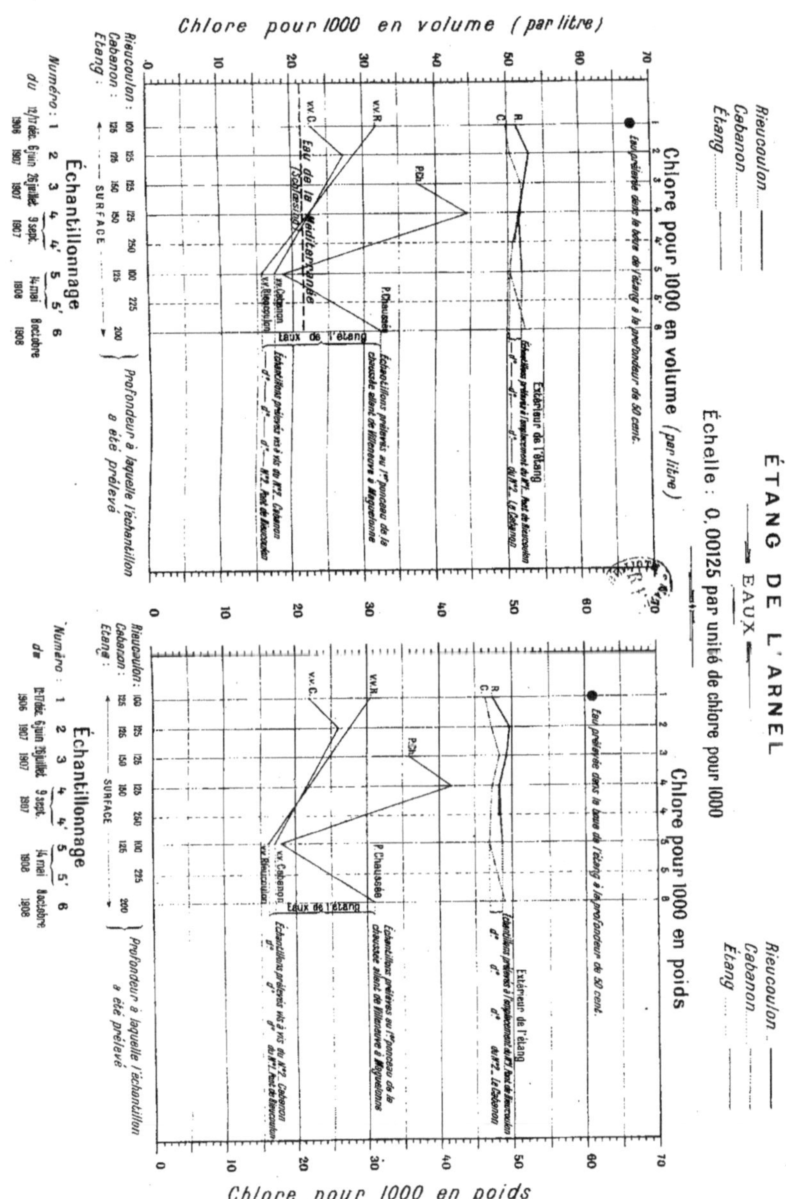

ÉTANG DE L'ARNEL
EAUX
Échelle : 0,00125 par unité de chlore pour 1000

Chlore pour 1000 en volume (par litre)

Rieucoulon
Cabanon
Étang

Chlore pour 1000 en volume (par litre)

Échantillonnage
Numéro : 1 2 3 4 4' 5 5' 6
du 14 déc. 6 juin 26 juillet 9 sept. 14 mai 8 octobre
1906 1907 1907 1907 1908 1908

SURFACE
Profondeur à laquelle l'échantillon a été prélevé

Eau de la Méditerranée

Eau de la Méditerranée (sans dessus)
Eaux de l'étang

Extérieur de l'étang

Chlore pour 1000 en poids

Rieucoulon
Cabanon
Étang

Échantillonnage
Numéro : 1 2 3 4 4' 5 5' 6
du 14 déc. 6 juin 26 juillet 9 sept. 14 mai 8 octobre
1906 1907 1907 1907 1908 1908

SURFACE
Profondeur à laquelle l'échantillon a été prélevé

Eaux de l'étang

Chlore pour 1000 en poids

partie du sel. Les molécules de chlorures ne se sont plus déplacées avec ensemble, comme si elles formaient un système rigide. Celles qui habitaient le fond sont venues plus près de la surface sans être remplacées.

Il y a donc aussi des mouvements simultanés de condensation et de raréfaction du sel, déterminant un envahissement d'un étage plus élevé du sol aux dépens d'un étage moins élevé.

C'est là un second type de montée du sel.

Il est clair que la montée d'ensemble présente aux entreprises de dessalement et d'amélioration un danger plus grand. Mais elle n'a été observée, au moins d'une manière importante, que dans les terres très voisines de l'étang (Rieucoulon), c'est-à-dire dont la nappe salée trouve, dans le voisinage immédiat, une réserve actuellement inépuisable. Au contraire, dans les terres actuellement indépendantes de l'Etang, la montée d'ensemble n'a pas été observée : l'augmentation dans les couches superficielles s'accompagne de la diminution dans les couches inférieures; et c'est à ce moment qu'on observe un maximum de salure à une profondeur déterminée.

CONCLUSION GÉNÉRALE.

Le dessèchement de l'Arnel livrerait à l'agriculture des terres qui, une fois dessalées, seraient très fertiles, à condition de pratiquer les opérations usuelles réclamées par les terres très compactes, très plastiques, très calcaires. Leur dessalement superficiel et l'organisation d'un dessalement lent et progressif en profondeur pourraient être réalisés par des dispositifs déjà connus et expérimentés (système de drainage V. Mosséri) et suffiraient à les rendre productives. Le voisinage du Lez rendrait aisées les opérations de dessalement.

TABLE DES MATIÈRES.